稠油油藏火烧油层技术原理与应用

杨 钊 编著

中国石化出版社

图书在版编目（CIP）数据

稠油油藏火烧油层技术原理与应用／杨钊编著．——
北京：中国石化出版社，2015.8
ISBN 978 − 7 − 5114 − 3588 − 0

Ⅰ.①稠…　Ⅱ.①杨…　Ⅲ.①稠油开采—火烧油层
Ⅳ.①TE357.44

中国版本图书馆 CIP 数据核字（2015）第 198678 号

中国石化出版社出版发行
地址:北京市东城区安定门外大街 58 号
邮编:100011　电话:(010)84271850
读者服务部电话:(010)84289974
http://www.sinopec-press.com
E-mail:press@ sinopec.com
北京科信印刷有限公司印刷
全国各地新华书店经销
＊
787×1092 毫米 16 开本 11.5 印张 248 千字
2015 年 8 月第 1 版　2015 年 8 月第 1 次印刷
定价:48.00 元

前　　言

　　随着我国经济的高速发展，国内的原油产量已无法完全满足生产需要，目前我国原油50%以上依靠进口。大力发展非常规油藏，提高非常规油藏开发效率是实现我国原油稳产、减缓原油进口、维护国家石油安全的关键。稠油油藏是非常规油藏中的重要组成部分，其可观的资源量日益受到能源管理部门的重视。我国早在 20 世纪 70 年代，就开展了稠油高效开发技术研究。经过 40 多年的研究和实践，常规的蒸汽吞吐、蒸汽驱等热采技术已经趋于完善，蒸汽热采后的接替技术问题逐渐提上日程，注空气火烧油层技术以其广泛的适应性、低廉的价格成为重要的接替开发方式。

　　本书以国内外多年来的火烧油层技术研究资料为基础，以现场应用为关键，结合国内外火烧油层现场实践经验编写而成。本书较系统地介绍了火烧油层室内实验方法、油藏工程技术、数值模拟技术、点火与管火工艺技术、火驱辅助技术、设备选型、火驱矿场开发经验。本书可供从事稠油石油开采工程工作的技术人员阅读，也可作为科研、大专院校研究人员和有关专业师生学习参考。

　　本书由杨钊编著，在初稿编写过程中征求了有关专家的意见，对书稿进行了补充和完善。在编写过程中得到了辽河油田等有关单位的大力支持和帮助，这是本书编写能够顺利进行的有力保证。在此，谨向所有提供指导、支持与帮助的单位和有关人士致以衷心的感谢。

　　限于作者的水平，疏漏和失误在所难免，敬请读者批评指正。

编者

2015 年 7 月

目　　录

第一章　火烧油层概述 ·· （ 1 ）

第一节　火烧油层开发机理 ·· （ 1 ）

第二节　国内火烧油层发展概况 ·· （ 4 ）

第三节　国外火烧油层发展概况 ·· （ 5 ）

第二章　物理模拟实验 ·· （16）

第一节　基础参数测定实验 ·· （16）

第二节　一维燃烧管实验 ·· （30）

第三节　二维平面模拟实验 ·· （37）

第四节　三维物理模拟实验 ·· （43）

第三章　油藏工程方法 ·· （49）

第一节　火烧油层适应性评价方法 ····································· （49）

第二节　燃烧前缘计算方法 ·· （55）

第三节　注气参数计算方法 ·· （59）

第四节　生产动态分析 ·· （62）

第四章　火烧油层数值模拟 ·· （69）

第一节　火烧油层采油数值模拟差分原理 ··························· （69）

第二节　数学模型的建立与求解 ·· （76）

第三节　数值模拟结果分析 ·· （81）

第五章　火烧油层工艺技术 ·· （83）

第一节　火烧油层点火技术 ·· （83）

第二节　空气压缩机的选用 ·· （92）

第三节　注采工艺 ·· （94）

第四节　控火技术 ·· （97）

第五节　管火技术 ·· （101）

第六节　监测技术 ·· （103）

第七节　辅助工艺技术 ·· （126）

第六章　火烧油层现场试验与应用 ································ （129）

第一节　国外火烧油层现场试验 ·································· （129）

第二节　国内火烧油层现场试验 ·································· （153）

参考文献 ·· （176）

第一章 火烧油层概述

第一节 火烧油层开发机理

火烧油层是在一定井网下，先往注入井中注入空气或氧气等助燃气体，使油层对其有足够的相对渗透率，以便能够向油层提供燃烧所需的氧气和能够排出燃烧过程中产生的废气；然后在井下点燃，继续注气过程使之在油层中形成一个狭窄的高温燃烧带，由注入井向生产井推进；高温使近井地带的原油被蒸馏、裂化，轻质油和蒸汽向前流动，并与相对温度较低的油层岩石和流体进行热交换而凝析下来；蒸馏和裂化后残留的重质烃类——焦炭作为燃料被燃烧，并不断产生采油所需要的热能；燃烧的热废气向前流动时也有加热油层岩石和流体的作用，并驱替原油；燃烧废气中的水分和被蒸发的油层水蒸气在向前推进中冷凝形成热水带，产生蒸汽和热水驱油的作用。在热前缘的推进过程中，废气、水蒸气、气相烃类和凝析油之间会发生局部混相，从而产生混相驱油作用。只要有足够的残炭量、温度及氧气量，便可维持燃烧，并使燃烧前缘不断地向生产井方向推进，形成复杂的驱动过程(见图1-1)。

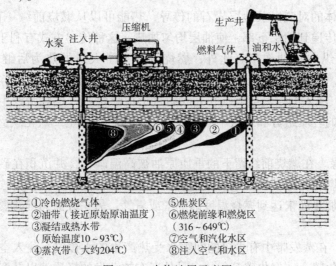

①冷的燃烧气体
②油带（接近原始原油温度）
③凝结或热水带
　（原始温度10～93℃）
④蒸汽带（大约204℃）
⑤焦炭区
⑥燃烧前缘和燃烧区
　（316～649℃）
⑦空气和汽化水区
⑧注入空气和水区

图1-1　火烧油层示意图

火烧油层的采油机理异常复杂。但目前可以肯定的是原油的氧化反应、高温裂解、热驱、冷凝蒸汽驱、混相驱以及气驱都是火烧油层提高采收率的机理。

1. 原油的氧化反应

低温氧化反应一般发生在 350℃ 以下，反应组分为轻质组分，一般生成如羧酸、醛、酮、乙醇和过氧化物等氧化物，该反应使原油沸点、黏度和密度增加。高温氧化反应发生在 350℃ 以上，反应组分为焦炭和部分低挥发性碳氢化合物，主要生成 CO、CO_2 和 H_2O。非氧化反应以原油高温裂解反应为主，以低温氧化反应为起点，贯穿于整个燃烧过程。

2. 原油的热裂解

在燃烧前缘，油层温度高达 $300 \sim 650℃$，高温一方面促使原油中较轻质组分蒸发向前推进，另一方面使留在砂粒上较重质组分产生热裂解，形成气态烃和焦油，气态烃进入蒸发带，而焦油沉积在油砂上成为燃烧过程中的燃料。

3. 冷凝蒸汽驱

注入的空气于燃烧带与剩余在砂粒上的焦油燃料发生燃烧反应时，生成的蒸汽与燃烧前缘高温使地层共存水产生的蒸汽一道向前推进，并和前面较冷的油层接触。蒸汽把热量迅速地传给地层，使原油黏度迅速降低，增加原油的流动能力，从而提高原油的驱动能力。

4. 烃类混相驱

蒸发带正常蒸馏作用产生的气态烃与燃烧前缘热裂解作用产生的气态烃混合进入凝析带中，由于温度较低而冷凝下来，冷凝的轻质油与地层原油混相，同时传递热量，改善原油的流动性能。

5. 气驱作用

在燃烧带中形成一种十分有效的气体驱动。注入的空气与焦油燃烧，生成的气体主要有 N_2、CO_2 进入蒸发带，一方面与原油达到混相和非混相，降低原油黏度，改善原油特性；另一方面，可以极大增加油层能量，提高原油的驱动力。

6. 热驱作用

由于油层流体的对流以及地层岩石的传导，热能可以从燃烧前缘一直传递到集油带，同时热量还可以传递到油层下部，使油层均匀加热，这种传递方式有利于蒸汽驱，并可以极大提高油层的纵向扫油效率。此外，燃烧带留下了大量的热为后继注入提供了必要条件。

(1) 燃烧带。注入的空气或氧气在井底附近形成燃烧带，燃烧带产生的热量会加热地层、蒸发原油中的轻质组分和地层中的间隙水。伴随燃烧产生二氧化碳、一氧化碳、水蒸气等气体产物。

(2) 燃烧前缘。在燃烧前缘留下的重质原油被高温碳化，并沉积在砂粒表面上，构成燃烧过程的主要燃料，留在燃烧前缘后面的是干净的砂和大量的热能。这些砂温度很高，高温一方面可以加热尚未达到燃烧温度的空气或氧气，另一方面为湿式燃烧方法中注入水的蒸发提供热能。

(3) 蒸发带。在蒸发带中有少量的间隙水受热产生的水蒸气、注入空气中的氮气、燃烧产物中的二氧化碳、一氧化碳等气体，另外还有被蒸发的轻质油以及沉积在砂粒表面上的固态重烃或焦炭。蒸发带中的各种气体与前面的冷油层相接触形成凝析带。

(4) 凝析带。在凝析带，轻质原油与冷原油产生混相，降低地层中冷原油的黏度，并使原油体积产生膨胀，蒸汽加热地层原油及地层间隙水，提高油层水温度，形成热水驱。

二氧化碳、氮气等与原油接触产生混相气体驱,进一步抽提原油中的轻质组分,降低原油黏度并膨胀原油。

(5)集油带。在凝析带前面的就是集油带,也叫油墙,集油带中有部分气体(N_2 、 CO_2 、蒸汽)束缚水及原油。集油带温度仍高于地层原始温度。

(6)原始油带。在集油带前面就是原始油带,它尚处于原始状况,未受火烧的影响。

火烧油层现场操作施工过程一般由油层点火、油层燃烧驱油(又称管火)和注水利用余热驱油 3 个阶段组成。

1)油层点火阶段

油层的燃烧温度取决于着火原油的氧化特性,根据试验资料,油层中原油燃烧温度在 150 ~ 400℃ 范围内。点燃油层可采用点燃法和人工加热点燃法。

自燃点火是油层原油在与氧气接触时发生急剧氧化而发热点火,无须另外向油层供给热力学能,这种方法只在原油氧化反应性能较好的油藏中采用。

人工点火方法包括使用电点火器、井下燃烧器、注热流体和化学方法,通过向油层供给热量来燃烧油层,并在空气作用下维持正常燃烧。目前常用的点火方式为电点火和井下燃烧器点火,判断油层是否已被点燃的方法有依据加热量和邻井生产气体组分变化两种。

2)油层燃烧驱油阶段

当油层点燃后,维持燃烧前缘均匀、稳定地推进,尽可能降低空气消耗量,使火烧油层获得尽可能高的体积波及系数和经济效益,是管火技术的中心任务。影响油层均匀、稳定燃烧的因素有地质因素、井网与井距因素、火井布置因素、完井因素和管理因素等。

在油层燃烧过程中,需随时掌握火线位置。根据火线的径向距离才能适时调节不同阶段的注气强度和采取相应的控制措施,使燃烧带均匀、稳定地推进,以实现火驱最佳效果。根据现场经验把火烧油层燃烧分为 5 个阶段。

(1)燃烧初期。油层燃烧面积小,油井尚未受到热效的影响,产量、井底温度无变化,唯有油层压力随着注气量的增加而上升。产出气中二氧化碳含量保持在 10% 以上,说明油层已经建立了稳定燃烧带(火线),并向四周生产井推进。

(2)油井见效阶段。随着燃烧面积不断扩大,当火线与生产井的距离为 20% ~40% 井距时,生产井普遍见效,产油量增加 2 ~5 倍,原油轻质馏分增加,密度、黏度下降,井底温度缓慢上升,油井开始含水。

(3)热效驱油阶段。当火线与生产井的距离为 40% ~80% 井距时,油层原油在热力、油气(汽)水的综合驱动下,轻质油进一步蒸馏,原油密度、黏度大幅度下降,油井产量成十倍地增加,是火驱的高产期,油井 60% ~80% 的原油在此阶段产出。油井温度明显上升,油层中束缚水被蒸发,燃烧生成水不断增加,连同燃烧气一起流向生产井并洗刷油层中的矿物成分,因此油井含水率上升较快。

(4)油井高温生产期。当火线与生产井的距离达到井距的 80% 以上时,轻质馏分的原油已大部分被采出,此时原油物性重新变差,产量下降,原油颜色由黑色变成咖啡色,井底温度在 100℃ 以上,油井含水达 70% ~80% ,产出气携带大量蒸汽。

(5)油井见火阶段。当火线到达生产井井底时,最高井底温度在 420℃ 以上,沥青受到高温作用,进一步焦化成黑色、发亮、多孔状坚硬的焦块,产出气体有浓焦味,油井产液量降为零。

3）注水利用余热驱油阶段

油层燃烧一定距离后，停止注空气，改用注水，为的是充分利用油层燃烧余热，使注入水转变为蒸汽或热水驱油，同时，注入水驱替储集层中的空气，阻止氧化带上游的反应，并且将促进氧化烃的分解，其效果取决于蒸汽干度和水能否跨过燃烧带。注水可分为3个阶段，即初期阶段、正常阶段和后期阶段。

在注水的初期阶段，为了尽快把已烧过区的孔隙体积填满，迅速提高水温，应以大排量注入。

在注水的正常阶段，即在已烧空地区 70% 以上被填满的情况下，应考虑水均匀推进，因为若对原大排量的注入不加以控制，易造成水窜。

在注水的后期阶段，为了扭转水淹的局面，一方面移动注水井，另一方面按注采平衡的原则，当井组累计注采比接近 0.9 时，也就是注入水已填满已烧空的孔隙体积时，注采比应接近平衡，并控制注水量。

随着注入水向火烧前缘推进，注入水温度提高了，利用火烧油层余热将水加热转化为热水或蒸汽驱油，降低了采油成本。

第二节　　国内火烧油层发展概况

从有关火驱的研究文献调研结果看，近几十年来，我国开展了大量的火驱研究工作，在研究方法、现场试验、工艺技术及工业化应用等方面均取得了一定的经验和成果，涵盖了火驱油藏工程设计(物理模拟、数值模拟、油藏工程方法等)、钻井工艺技术设计及采油工艺技术设计，目前已经形成从室内物理模拟、数值模拟到现场点火、监测、后期调整等一系列配套技术。这些研究成果可归纳为室内研究、油藏工程、工艺技术、地面建设及环境保护等方面。

(1)室内研究。包括火驱燃烧动力学研究、火驱物理模拟研究及数值模拟研究等火驱原理及适应性研究。

(2)油藏工程研究。火驱油藏工程设计、影响火驱的因素分析、火驱动态跟踪效果评价及改善火驱效果的方法，现场试验与推广包括干烧、湿烧工业化推广应用、THAI 技术先导试验、直井水平井组合重力火驱先导试验。

(3)工艺技术研究。点火及加热器设计。

(4)火驱监测技术。应用多种示踪剂监测火驱动态特征、应用地震技术监测火烧前缘、火驱后流体性质变化特征。

(5)环境保护。火驱对储层的伤害、对环境的影响，环境保护及防腐问题。

火驱技术按注入空气方向和燃烧前缘的移动方向可分为正向燃烧和反向燃烧，前者注入空气与燃烧前缘的移动方向相同，故称为正向燃烧；后者注入空气方向和燃烧前缘的移动方向恰好相反，故称为逆向燃烧或反向燃烧。正向燃烧按注入空气中掺水与否又分为干式正向燃烧和湿式正向燃烧。

在直井网火驱的基础上，将重力泄油理论与传统的火驱技术结合开发出了利用水平井进行火驱的技术(COSH)和垂直井或者水平注入井与水平生产井结合的"脚尖到脚跟"的火驱技术(THAI)。将水平井技术应用于火驱采油,扩大了火驱技术的应用范围,既没有原油黏度的限制,又可以有效减缓火驱气窜速度,降低了操控难度和风险。

第三节　国外火烧油层发展概况

早在 1920 年瓦尔科特(Wolcott)和霍瓦德(Howard)就已认识到,把空气注入到油层,使油层在地下燃烧过程的关键是燃烧掉一部分原油,产生热量以降低黏度,同时产生驱替原油的驱动力。他们的这种认识分别在 1923 年申请获得美国专利。当时,由于新油田勘探成功率较高,投资商无意进行试验,直到 1947 年才开始实验室试验研究。进入 20 世纪50 年代后,美国石油资源日渐枯竭,新油田勘探成功率渐低,才开始注意这项技术。

美国最早的一次火烧油层现场试验是 1942 年在俄克拉荷马州的伯特勒斯维尔(Bartles-bill)油田进行的。当时并不是有意识地点燃油层,用的是能产生 480℃ 热空气的井下加热器,结果在附近几口井产量都有提高,原油 API 值增大,温度升高,所有这一切都是火烧油层过程的特点。

加拿大为了解决阿萨巴斯卡(Athabasca)沥青矿的开发问题,从 1964 年起在阿尔伯达(Alberta)省开展了各种火驱方式的试验,并取得了较好的效果。

罗马尼亚于 1964 年在苏甫拉库·巴尔克乌油田也成功地进行了火烧油层试验。并于1969 年同法国合作,先后在 17 个油田上进行了试验,其中有 4 个油田投入了大规模的工业生产。试验表明:火烧油层采收率可由 5%~9% 提高到 50% 以上,生产 $1m^3$ 原油的空气量(AOR)为 $2000m^3$,耗电量为 $250 \sim 315kW \cdot h/m^3$,空压机动力的消耗只占采出原油量17% 的好效果。因此,该国在提高原油采收率的规划中,决定以发展火烧油层采油为主。

前苏联远在 1933 年试验了煤的地下气化的方法。到 1966 年在巴甫洛夫油田开始了第一个火烧油层现场试验。

在国外开展火烧油层采油的还有委内瑞拉、荷兰、德国、匈牙利、土耳其、日本、印度等 40 余个国家。20 世纪 50 年代以后,在美国和前苏联火烧油层发展迅速。C. Chu 在1977 年的一篇文章中报道,美国当时已有 70 多个火烧油层项目,委内瑞拉、前苏联、罗马尼亚等国也使用了该工艺,总共有 40 多个项目的资料介绍得比较详细。

一、室内研究

火烧油层的采收率一般在 50% 以上,可以在比蒸汽驱采油更复杂、更苛刻的地层条件下应用,但其实施工艺难度大,地下燃烧不易控制,如果燃烧不充分会使油层性质急剧变化,将来应用其他方法更难,因此在现场实施前有必要进行针对性的室内研究。下面介绍用于火烧油层研究的最新方法及其成果,包括从室内研究向现场推广的研究流程、原油组分效应及组分对反应路径的影响、含水燃烧管实验及燃烧参数的确定。

1. 综合化的研究流程

Bazargan 等提出一种综合研究流程以预测油藏火烧油层的成功,研究流程见图 1-2。该流程综合了动力反应实验、燃烧管实验、原油组分分析、高分辨率物理模型及用于预测油藏规模下火烧油层的针对性燃烧实验。

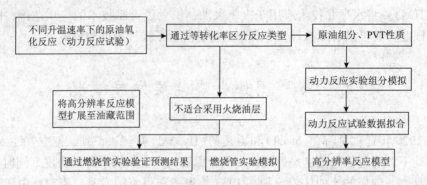

图1-2　火烧油层技术综合研究流程

　　动力反应实验用以探究燃烧反应动力学机理，为开展等转化率分析工作，需要在不同升温速率下完成一系列实验，所有其他参数如压力、初始温度、空气注入流速等在这一系列实验中均是固定不变的，至少需要五组实验数据。

　　火烧油层反应速率由燃料含量和O_2分压决定，由于碳氢化合物氧化反应复杂，反应模拟困难，燃烧速度方程难以准确建立。等转化率法不必假设反应机理函数就可以计算出反应活化能，回避了上述问题。Cinar等研究表明，在有效燃烧的情况下，560K温度下发生的低温氧化反应（LTO）由负温度梯度区（NTGR）主导（以600K为中心）。该区域内有效活化能不断降低直至最小，然后进入高温氧化反应（HTO）。图1-3、图1-4均为有效活化能（纵坐标）与转化率（横坐标左）及平均温度（横坐标右）的关系。负温度梯度区向高温氧化反应区平滑过渡是燃烧效果好的标志（见图1-3），而不适宜采用火烧油层的油藏在低温氧化反应区呈现出明显的间断（见图1-4）。

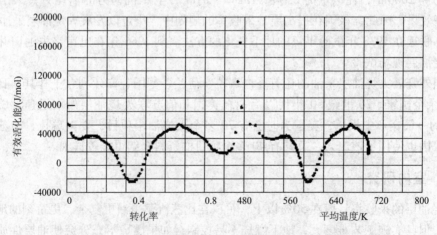

图1-3　燃烧效果好的原油呈现的等转化率指示图

　　通过等转化率分析不仅可以判别燃烧过程的不同反应区，得到样品在不同温度和燃烧状态下的动力学基本参数，还可以直观地看出燃烧前缘的推进是否成功，而燃烧前缘的成功推进正是火烧油层项目成功实施的必备条件。

　　2. SARA组分热氧化敏感性研究

　　火烧油层复杂的燃烧反应给室内研究带来了种种困难，人们尚不清楚究竟要开展多少组实验及怎样从实验数据中获取相关参数的有效数值。一直以来，SARA（饱和烃、芳烃、

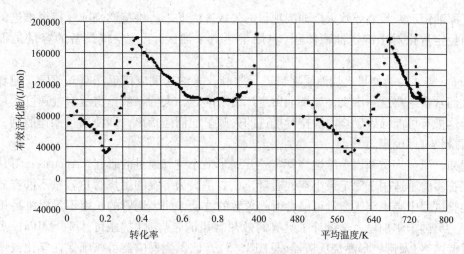

图1-4　燃烧效果差的原油呈现的等转化率指示图

胶质、沥青质)组分模型被用于实验室研究火烧油层提高原油采收率技术。

Priyanka 等在前人研究基础上，开展了 SARA 组分的热氧化敏感性研究，包括 SARA 模型的 14 组反应模式：胶质、芳烃、沥青质的高温分解或裂解反应；饱和烃、芳烃、胶质、沥青质的低温氧化反应；高温裂解形成的焦炭、低温氧化反应形成的氧化沥青质、氧化胶质、氧化芳烃、氧化饱和烃及胶质、芳烃的高温氧化反应。该研究旨在探究组分效应及组分对反应路径的影响。结果表明，沥青质作为原油中最重的组分之一最难被氧化，而饱和烃最易被氧化。空气注入速度、氧气浓度和反应活化能对原油采收率影响很大，注入过量空气或高速注空气会使燃烧前缘降温，降低原油采收率；提高氧气浓度可以提高采收率，而且氧气浓度增加有利于氧化反应的进行，而低的氧气浓度则促进重质组分的裂解反应。实验中还观察到氧气浓度增加可以扩大蒸汽带的范围及其推进速度，实现了更有效的蒸汽驱。

3. 考虑含水的燃烧管实验

火烧油层过程的模拟需要对许多现象如相变化、化学反应、质热交换、流体性质等进行精确描述。低温氧化反应一般发生在 350℃ 以下，反应组分为轻质组分，一般生成如羧酸、醛、酮、乙醇和过氧化物等氧化物，该反应使原油沸点、黏度和密度增加。高温氧化反应发生在 350℃ 以上，反应组分为焦炭和部分低挥发性碳氢化合物，主要生成 CO、CO_2 和 H_2O。非氧化反应以原油高温裂解反应为主，以低温氧化反应为起点，贯穿于整个燃烧过程。

Lapense 等在前期工作中研究了含水对原油氧化反应的影响，结果表明，与干式燃烧相比，水蒸气影响低温氧化反应，能够显著降低耗氧量，延长反应时间；水蒸气也直接影响高温氧化反应，延长耗氧时间，可以产生更多的 CO_2，并减少由焦炭燃烧产生的 CO 量。他们还进行了含水时的重油燃烧管实验，通过比较干式燃烧与湿式燃烧，旨在进一步优化火烧油层模拟模型。实验结果表明，在相同条件下，湿式燃烧过的区域温度更低，热能利用率更高，因此在建立火烧油层模拟模型时需要考虑含水的影响。

为成功实施火烧油层项目，油藏内必须存在持续推进的燃烧前缘，因此需要充足的空气维持断键反应，否则会发生不利的加氧反应(如原油低温氧化)，不仅消耗了 O_2，而且不利于原油流动，最终导致火烧油层项目的失败。因此，将维持燃烧前缘持续推进的最小空气通量定量化对于确定油藏体积（将用于热力采油区）下注空气设备的容量是很有必要的。

Moore 等认为，如果火烧油层项目进行顺利，采油速度应接近注空气速度，但现场操作时人们常常忽略这一事实，如果油田生产出现问题，人们一般是将注空气速度尽可能降低，而这极有可能导致燃烧前缘持续推进的失败。他们还指出，即使项目操作顺利，最小空气通量仍难以确定。

起初，研究人员利用一维燃烧管实验开展了最小空气通量的研究。Alamatsaz 等认为一维燃烧管实验不适用于确定最小空气通量，主要是因为传统的燃烧管热容量不够有效，而且在实验过程中减小空气通量可能会引起短暂的波动，而燃烧管的长度不足以维持该过程的稳定。英国卡尔加里大学设计了具有高效热容量的燃烧管（抗压可达 41.4MPa，实验过程中维持绝热）及圆锥形燃烧反应器（见图 1-5），该燃烧反应器可以确保在氧化或燃烧前缘推进时减小空气通量而维持注空气速率的稳定。Alamatsaz 等利用上述燃烧管及燃烧反应器开展了燃烧管实验，在空气通量低至 $3m^3/(m^2 \cdot h)$、实验压力 3.55MPa 时不仅维持了阿萨巴斯卡沥青砂燃烧前缘的推进，而且 70% 的初始油量以液体态产出。然而，由于实验中注空气速率范围小，该研究依然未能获得在火烧油层中维持断键反应所需的最小空气通量。

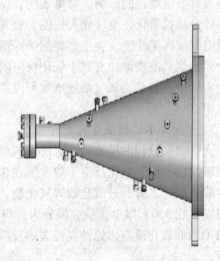

图 1-5　圆锥形燃烧反应器模型及示意图

二、矿场实践发展趋势

运用各种方法提高或改善注空气火烧（氧化）采油效果，将成为人们研究的热点内容，火烧油层技术近期内在稠油转变开发方式上将被广泛应用。对火烧油层未来的发展前景有以下几点认识：

（1）火烧油层采油技术是提高稠油产量的重要开采方法，需要引起我们足够的重视。

（2）运用各种技术改进火烧油层的燃烧工艺已经成为未来发展的主体。

（3）对传统定义下的驱替模式在概念上要有进一步的突破，从而利于火烧油层技术和其他驱替技术相互融合。

目前，火烧油层工艺正朝着三个方面继续发展：一是伴随燃烧物注入的多样化；二是新型助采技术的运用；三是火烧油层工艺的非常规应用。

1）火烧油层段塞 + 蒸汽驱开采机理

火烧油层段塞 + 蒸汽驱开采是在稠油油藏蒸汽吞吐后。在选定注采井网内，从注入井点火并连续注入空气（或富氧），使油层燃烧 100 ~ 200 天。形成小型火烧油层段塞后注入井内注高干度蒸汽，进行蒸汽驱或不稳定蒸汽驱开发。出于所需段塞尺寸小，火烧油层时间仅占整个开采周期的 5% ~ 10%。火烧油层段塞过程中的采出油量约占周期采油量的 1% ~ 8%。也就是说，火烧油层段塞 + 蒸汽驱开采技术是以蒸汽驱开采为主的组合式开采技术。蒸汽驱技术是稠油开发中已进入工业化应用的成熟技术，也是三次采油技术中的一项重要技术，注入蒸汽及其产量在 EOR（提高采收率法采油）中占有很大比例，油田实施蒸汽驱开发的成功实例也较多，美国的 Ken River、印度尼西亚的 Duri、委内瑞拉的 Barc 等几个大型蒸汽驱开采油田采收率可达 60% 以上，目前我国在辽河、克拉玛依油田的应用也非常成功。

火烧油层段塞 + 蒸汽驱开采机理实质是火烧油层和蒸汽驱两大开采技术机理。开采前期主要为火烧油层开采机理，可简述为在一定的井网条件下，通过注入井（又称火井）点燃油层后向油层连续注入空气（或富氧）助燃，形成移动燃烧带（又称火线）。火线前方原油受热降黏、蒸馏，蒸馏后的轻质油、蒸汽及燃烧所产生的二氧化碳、一氧化碳、氮气等烟气在热力作用下向生产井流动，未被蒸馏的重质成分在高温条件下发生裂解、分解，最终成为焦炭，成为维持油层继续向前燃烧的燃料。在高温作用下，油层束缚水、蒸汽吞吐冷凝水及燃烧生成的水被汽化为水蒸气，携带大量热向前流动，再次驱替原油，形成一个多种驱动同时作用的复杂过程，将原油驱向生产井。火烧油层段塞 + 汽驱开采兼有火烧油层、蒸汽驱，热利用率更高。高温蒸馏和裂解作用还可提高产出原油的轻质组分含量。

火烧油层段塞燃烧带可以产生 400 ~ 800℃ 的高温，有利于汽化蒸汽吞吐开采存水，提高注入井井底温度，火烧油层后转蒸汽驱初期有利于提高后续蒸汽驱注入蒸汽干度；注入空气及高温燃烧带汽化吞吐开采存水有利于提高地层压力，建立较大的生产压差；火烧油层段塞汽化存水后，相同温度和压力条件下蒸汽体积远高于相同质量水的体积，例如，当注汽井井底温度为 300℃ 时，每汽化 1 体积存水相当于注入 15.4 体积蒸汽，若注汽速度为 225t/d，则注汽时间需要近两年。此外，火烧油层段塞非常有利于缩短转蒸汽驱初期低产期时间和提高蒸汽驱阶段采注比，可以大幅度提高蒸汽驱开发效果。

另外，火烧油层段塞技术还具有以下优点：

（1）火烧油层段塞尺寸小，时间短，不存在空气超覆、气窜问题。

（2）蒸汽吞吐后油区压力较低，火烧油层段塞注空气（或富氧）对空气压缩机要求不高，设备易达到设计要求。

（3）不存在油井出砂、结垢、腐蚀和环境污染问题。

中石油勘探开发研究院针对辽河油高升油田高 3 块进行了蒸汽吞吐后转蒸汽驱与火烧油层段塞 + 蒸汽联开发效果数值模拟对比研究。结果表明，火烧油层段塞 + 蒸汽驱效果明显好于蒸汽驱。

2）注过氧化氢提高原油采收率

过氧化氢是一种强氧化剂，易分解产生水和氧气，这两种产物在一定程度上可以提高原油的采收率，并且不会对油藏产生任何污染。与此同时，过氧化氢在油藏中发生分解反应时还会产生大量的热，释放出的氧气与残余油反应会产生更多的热量，这种反应生成的废气中富含二氧化碳。反应时产生的热量使蒸汽和热水处于平衡状况，持续注入液态过氧化氢将会推动受热带、蒸汽带、热水带、氧气燃烧前缘和二氧化碳富集带依次穿过地层，从而达替原油的效果。另外，随着燃烧生成气在热前缘的前方不断推进直至最终进入油带。油藏其他区段中的 CO_2 含量显著增加，这一过程与富氧火烧油层工艺及注 CO_2 采油工艺有着很大的相似之处。在实际开发过程中，CO_2 与原油接触的效率较高，加速了其在原油中的溶解，从而使原油黏度降低了 80% ~ 90%，明显提高了驱替效果。此外，稠油的流度比也得到了一定的改善，进一步提高了波及效率，注过氧化氢工艺用于实际生产的优越性主要体现在以下 3 个方面：

（1）过氧化氢可作为火烧油层工艺的点火措施。对于火烧油层来说，如何点燃油砂层是其核心技术之一。实验表明，采用过氧化氢点火可以减少点燃剂的注入量，而且不会发生井筒污染，大大缩减了时间、设备和人力需求。

（2）注过氧化氢在正常的地层温度下就可以进行，无须特殊的完井措施。热量是在地层内部产生，多数现有井都可以通过这种办法加以处理，没有深度限制，可以进一步考虑运用于埋藏深、压力高的油藏。

（3）过氧化氢可作为吞吐技术激励油井生产。在实施过氧化氢吞吐的油田，这种方法往往是最好的热采方法。过氧化氢用于"吞吐"法增产井时，产生的热量和 CO_2 会降低井筒附近的原油黏度。当井恢复生产时，CO_2 又将形成一种气驱作用。与常规注蒸汽增产作业相比，上述两种作用都会提高原油的采收率。

3）火烧油层添加泡沫

采用常规的火烧油层：在开发稠油油藏时，体积波及系数往往很低，一般低于 35%。泡沫在无油岩石中有很高的阻力系数，因此它与火烧油层结合使用时会有很高的效率。在火烧油层开始 6 ~ 7 个月后使用泡沫，注入井周围的温度低，接近油层温度。泡沫注入注入井会大大降低气体的窜槽。在哈萨克斯坦 Karajanbas 油田的第一个火烧油层添加泡沫的现场试验中，将泡沫表面活性剂溶液在整 5 个月的实验期间注入 3 口燃烧井中，总计注入浓度为 1% ~ 2% 的表面活性剂溶液 24000 桶，得到原油增产量 55000 桶。表面活性剂溶液分两批注入，然后用 0.1% 的聚合物水溶液稳定。在先导试验区内，产油量增加 2.4 倍，含水率减少 20% ~ 25%。考虑到火烧油层和泡沫的驱油机理，预料在高温油层中泡沫将会有更好的效果。

4）水平井辅助火烧油层

采用常规的火烧油层工艺进行稠油油藏开发时，体积波及系数往往较低，影响火烧油层的经济性。利用水平井作为生产井的所谓水平井辅助火烧油层能使体积波及系数有很大提高，从而提高火烧油层项目的采收率。加拿大在 Saskatckewan 省的 Battram 油田实施的火烧油层中，利用水平井作为生产井，提高了原油的产量。通过对一系列三维物理模型进行模拟分析，对水平井辅助火烧油层这种新技术有以下几点认识：

（1）体积波及系数比直井明显增加。

（2）原油采收率有明显提高。

（3）使用水平注入井在火烧油层开始时能够提供一个更为均匀的火烧前缘条件。

（4）所有火烧油层试验都生成了最高品质的原油，部分是靠线性驱动的水平井提高的。

5）直井压力循环火烧油层

所谓压力循环，是指首先往一口中心井里注入空气，接着从它周围的生产井采油。注气阶段初期以低速率注入空气，打开生产井采油。当一口生产井由于气体段塞和出砂而不能维持生产时就关井。受注入空气影响的油田区域内产量损失显著，可通过增加空气注入速率使压力升高，待达到预先确定的压力大小就停止注气，生产井重新采油，采油一直持续到产油速率降到经济水平以下或者必须再注气以维持油层燃烧为止。加拿大的 Amco 石油公司从 20 世纪 80 年代中期就开始研究该项火烧油层工艺，并在加拿大的 Albcrt 省的 oydminstcr 地区的 Morgan 油田进行了现场试验，从现场可以观察到以下现象：

（1）采出的原油品质较以前有明显改善，推测可能是生产过程中其重质组分作为燃料被消耗掉。

（2）产油量明显增加。某些井不仅日产量增加，而且可以稳定生产并持续较长时间。推测可能是油层中有新的高速孔道生成，除此之外，不排除溶解气和燃烧气体对油相组分的携带作用。

6）富氧燃烧工艺

富氧燃烧工艺被普遍认为是一种新型的改良工艺，在油田主产上的优点主要表现在采油速度较快、产出物气油比较低、产出气的纯度较高。其实早在 1960 年就已经有人提出了"富氧燃烧"的概念。和其他的燃烧过程一样，在火烧油层中使用氧气的效果明显优于使用空气。通过除去燃烧空气中的氮气而使得氧气富集，结果必然会导致较少的燃烧气体量、较少的产出气体体积、较高的氧气分压和较高的燃烧温度。而较高的燃烧温度和较高的氧气分压在氧气富化的环境下提供了快速反应的能力。1983 年，费尔菲尔德和怀特在提交的关于富氧燃烧现场试验结果的报告中指出，将富氧燃烧工艺应用于浅而疏松的油层，注富氧区块井的产能明显高于注空气区块井的产能。总的来说，其优越性主要体现在以下几点：

（1）注入压力较低，井距较大。

（2）注氧大大降低了生产井的产气速度。

（3）注氧加大了二氧化碳的分量。较高的二氧化碳分量加速了其自身在油水两相中的溶解，大大降低了原油的黏度，从而改善了油层中原油的流动性。

（4）油层中的流体与二氧化碳的接触较快。一方面二氧化碳的溶解降低了原油的黏度，另一方面也加速了原油自身的膨胀，油层内流体的体积系数变大，从而增加了采收率。

（5）采气量减少，原油流动度增大，从而大大缩短了注氧火烧油层的时间。

7）金属盐类添加剂改善火烧油层效果

由于热量散失严重，注蒸汽的方法不适合深井和薄地层，火烧油层的方法更适宜用于深井。根据反应温度的不同，氧化可以分为低温氧化、中温氧化和高温氧化。低温氧化主要产生部分氧化产物，对于稠油应尽量减少低温氧化过程，防止原油黏度上升。热反应和催化裂解开始发生在中温氧化过程中。碳氧的裂解主要发生在高温氧化过程中，并产生二氧化碳和水。

金属盐类添加剂对火烧油层的改善实验中，可以明显发现水溶的铁离子增加了燃料在原油中的沉淀，加强了原油的高温氧化过程，使得燃烧更加完全。在燃烧过程中即使水已经发生了运移，铁离子并没有发生运移，而从水中转移到沙子和黏土表面，并且水中的金属离子参加了阳离子交换而留在岩石内。金属铁离子的交换增加了活性点，明显增强了燃烧的动力。

Cristofari 通过实验研究了金属添加剂对燃烧特性的影响。通过分析，我们注意到，在这个金属添加剂实验中，油层达到更高的温度，加入金属盐后燃烧增强了，但是前缘并没有贯穿整个燃烧管。通过比较温度分布带，我们可以看到，具有金属添加剂的火烧前缘推进速度大约是纯火烧实验前缘的两倍。在两个实验中，热量的损失是相等的。但是，通过动力学实验我们可以知道金属添加剂的存在可以多产。如果前缘没有足够的热量来维持，那么穿过整个燃烧管的过程无论如何是无法进行的。

8）THAI

1993 年英国 Iblh 大学的化学工程师 Malcolmcavcs 前次提出在火烧过程中利用水平井实现短距离驱油的一种新技术。

THAI 是一种改进的火烧油层技术。井由垂直井和一口水平井组成，垂直井注空气，水平井采油。

THAI 组合了垂直注气井和水平生产井，可实现全新的火烧油层方式。常规火烧油层由于燃烧前缘被加热的原油需经过冷油区域受到稠油的阻碍作用，使产出井受效缓慢，THAI 将一组水平生产井平行分布在稠油油藏的底部，垂直注入井分布在距离水平井端部一段距离的位置，垂直井的打开段选在油层的上部，在燃烧前缘前面形成一个较窄的移动带，在移动带内可动油和燃烧气将流入水平生产井射孔段。

THAI 的重要特征是：燃烧前缘沿着水平井从端部向根部扩散，并在燃烧前缘前面迅速形成一个可流动油带。该流动油带内的高温不仅可以为油层提供非常有效的热驱替源，也为滞留稠油的热裂解带创造了最佳条件。加热油借助重力作用迅速下降，到达生产井的水平段，不从冷油区内流过而实现短距离驱替，避免了多数常规火烧油层（ISC）工艺中使用垂直注入井与生产井进行长距离驱替的缺点；另外，生产井中还装有移动式内套筒来进行控制，相对于燃烧前缘，可连续在整个内套筒以维持生产井射孔段长度不变。

THAI 火驱井网组合方式分为 HIHP（水平井注水平井采）和 VIHP（直井注水平井采）两种，现有试验采用的是 VIHP 方式。尽管模拟结果显示 HIHP 过程利用水平井注入空气的注采系统更具优势，但利用水平井进行注入存在着注入量大、沿水平段空气分布不均匀的问题。加拿大的 Petrank 石油公司研究发现采用单井作为注气井可使火驱操作变得非常稳定。因而发展了以直井作为注入井的 THAI 技术，并取得了这种 THAI 火烧技术的专利权。

与其他火烧驱油技术相比，实施 THAI 的过程中高温区与燃烧前缘垂直。先前使用的火烧驱油技术由于气体重力气窜，燃烧油层将偏离这一垂直平面，而 THAI 的强制流动和重力辅助机理能保证完全控制或减弱这种影响。这一改进使得 THAI 成为开采稠油和油砂最有效、最理想的方法。这种方法的效率是注蒸汽驱的 2～4 倍，这是因为它只在油藏中要求的地方释放能量，避免了在设备与管线上的损失，结果极大地减少了气体排放的负荷。

2004 年，WITHESANDS 公司在加拿大 Alberta 省的 McMurry 油砂区进行了 THAI 的生产实践，油砂层的埋深为 370m。在应用之前先通过生产井和注气井向地层中注入蒸汽预热地层，这一过程大约持续了 2~3 个月。预热结束后注入空气，当空气到达预热的油砂层后点火，启动燃烧并进行火烧驱替。在驱替过程中，与水平生产井垂直的燃烧前缘以 25cm/d 的速度沿水平井向前推进。随着燃烧区域的前进，移动带内的可动油和燃烧气流入水平生产井。2005 年 2 月该工程在区块南部钻了几口探井，3 月钻了几口观测井，7~9 月钻了几口垂直注入井与 3 口水平坐产井。

2005 年底油井投产。通过矿场试验，得出了如下结论：

(1)采收率很高，可达 76%~80%。

(2)可以获得较高的经济效益。生产成本较低，需要水平井，不需要水和蒸汽的处理设备；操作成本低，需要处理的水和天然气的量很小。由于产品的等级很高，净收入较高。

(3)对环境的影响小。水的消耗量少，在整个循环过程中排放的温室气体少；改质后的原油对后续精炼的要求较低。

(4)THAI 可获得非常高的采收率，使该 EOR 方法在一次采油或部分枯竭油藏、先前注蒸汽或冷采油藏的开采中非常具有吸引力。

(5)THAI 火烧法的特点是只在燃烧前缘的前面形成窄的可动油带。可动油带位于水平生产井方向，其大小主要由稠油的密封性决定。THAI 火烧是一种层内重力辅助燃烧采油法，主要受水平生产井射孔段设立的梯度的影响；另外，在生产井中还装有移动式内套筒来进行控制，相对于燃烧前缘，可连续更换内套筒以维持生产井射孔段长度不变。

实现 THAI 的技术关键在于：

(1)薄层、特稠油油藏 THAI 技术的实现。在 THAI 实施过程中，气体的超覆控制问题很重要，在设计整个燃烧过程时都要考虑，特别是在生成线性燃烧前缘的第一阶段和燃烧前缘到达水平生产井端部的阶段。在原油黏度比较低(小于 5000mPa·s)且储层厚度相对较薄的条件下，可以和室内实验一样比较灵活地启动 THAI 过程。在常规的点火操作完成后，热空气将形成燃烧前缘，由于形成的燃烧前缘和水平井端部之间的距离比较小，该前缘可以移动到达水平井端部。这是最简单的一种情况，只需要重点解决好点火问题和燃烧前缘沿水平井延伸的问题就可以了。

(2)厚层、超厚稠油油藏 THAI 技术的实现。在储层厚度比较大(20~40m)、原油黏度高于 5000mPa·s 但仍具有一定流动性的条件下，使初始的燃烧前缘到达水平井端部是很困难的。这种情况下，以下一个阶段都需要认真考虑。

①在初始状态下要建立注入井和生产井之间的联系；

②点火，产生线性燃烧前缘顺利到达水平井端部；

③燃烧前缘沿水平段延伸。

可以利用下面 3 种注蒸汽方式中的一种建立起初始状态下注入井和生产井之间的联系：

①油层厚度和原油黏度相对较小时，可采用在垂直注入井间直接注蒸汽的办法；

②油层厚度和原油黏度相对较大时，先循环注蒸汽，然后直接注蒸汽；

③利用 THAI 技术开采油砂矿时,初始阶段应该和 SAGD 的启动阶段类似,包括轮流注汽、循环注汽和直接注汽 3 个过程。上述 3 种方法的选择依据主要是储层厚度和井之间的距离。

(3)井网配置的选择。应用 THAI 技术时,直接线性驱动和交错式线性驱动都是有效的驱动方式。先导性实验常采用网状的配置形式,如果追求更高的注入采出比和原油采收率,现场常采用一口注入井、两口生产井的配置形式。

目前,又有人提出了 THAI 的改进技术——PRI,即从端部到跟部注空气催化裂化技术。该技术是在水平井砾石充填时添加一种 NiMo/CoMo 催化剂,可动油带的轻油被驱替到添加催化剂的环形空间,发生热裂解,然后再流入水平井井筒,从而实现原油就地改质。

通过 PRI 技术,可将 API 度为 80~100 的稠油或者沥青改质成 API 度为 240~260 的轻油。该技术把油藏当作一个反应器,节省了地面改质设施的投资。该技术需要的投资与 SAGD 相当(包括燃气轮机),但不需要天然气,改质后产出的原油售价每桶可增加 4 美元,每桶节约的稀释剂费用超过 1 美元,产出的原油体积增加 9%。

9)注溶剂 + 火烧油层

采用注溶剂 + 火烧油层方法,在矿场实施时,首先注入溶剂,在注入的溶剂与油混合,可以降低原油的黏度,并且生成部分沉淀重组分,最终提升原油的品质。有很大一部分的轻质油分被滞留在地层。随后进行火烧油层的点火和注气等工艺过程。滞留的重质组分通过热裂解进一步提高原油的品质,裂解另一产物焦炭则成为燃烧的原料。这个组合所具有的经济吸引力就是对重质原油就地改造,并不单单只是通过注剂脱沥青质作用,还要通过燃烧的热裂解,这样就能生产出更优质的原油,并会节省潜在运输和石油深加工特别是炼油厂的费用。采用这种方法将会降低重质油与轻质油的差价,从而使重质油更具有吸引力。

Cristofari 通过实验得出了往原油中加入不同注剂后燃烧阶段的温度特性,证实了注剂火烧油层中的作用十分明显,并帮助我们确定了火烧油层能够成功应用注溶剂的方法。一共进行了 4 组实验,包括不加入任何注剂、加入 100mL 戊烷、加入 100mL 癸烷和加入 100mL 煤油。4 组实验的开始都是以相同数量的油砂混合物进行的,但是高温氧化反应阶段却不同。因为戊烷萃取后的沉淀剩余物的高温氧化反应释放出的热量比煤油和癸烷萃取后的剩余沉淀物所释放出的热量要多,戊烷注剂在燃烧中比注入煤油和癸烷剩余更多的燃料沉淀,戊烷是轻烃溶剂,在动力学实验中相对重质烃来说萃取了大量的轻烃组分,而煤油和癸烷是重质碳氢化合物注剂,与戊烷相比溶解了更多的重质组分。另外,戊烷溶解胶质但不溶解沥青质,因此,当注入戊烷后有更多的沥青质沉淀下来,从而在实验过程中会有更多的燃料沉淀下来。鉴于沥青质轻微溶于癸烷和煤油,当癸烷和煤油注入时将会留有较少的沉淀,尽管如此,与煤油相比,沥青质仍然更少溶于癸烷,并且与癸烷反应放出更多的热量。

10)火烧油层工艺的非常规应用

作为稠油热采的一种手段,火烧油层的概念已经被人们广泛地接纳和采用,并在传统意义上被定义为一种驱替工艺。随着我们对火烧油层工艺认识的不断深化,在未来的油田开发中,火烧油层可能不仅仅是作为一种驱替工艺,而是以一种非常规的方式应用在实际开发的各个时期。例如，考虑将火烧油层作为一种热力激励的增产措施，在其他方法使用前对油藏进行预处理或者作为蒸汽驱的一项辅助措施，即先利用蒸汽预热油藏改善原油流度，再考虑火烧油层的开展，火烧油层作为非常规驱替工艺这一概念的提出意味着该工艺的主要目的将不再是仅仅为了达到很高的体积波及系数，而更多的是考虑利用火烧油层在地下生成一个氧化反应空腔并伴随产生稳定而连续的热量，降低原油的黏度，增加气体流动，增强地层的能量，进而有效地辅助其他驱替工艺的进行。

第二章 物理模拟实验

第一节 基础参数测定实验

Calgary 大学经过多次室内一维实验和大量现场试验证明，现场和室内实验测得的燃烧特性参数吻合得很好，凡是室内实验燃烧特性差的油藏，现场试验效果也不会太好。这就提示了在决定对某区块油藏实施火烧油层现场试验之前，一定要开展一维燃烧管实验，测得火烧油层燃烧基础参数。一维实验不但可以用来确定油藏的燃料消耗量、燃料的视 H/C 原子比、空气需要量等燃烧特性，而且还可以评定油藏燃烧过程的稳定性。

一、实验目的

火烧油层一维实验主要测定火烧油层基础参数及分析评定燃烧过程的稳定性。具体的参数有：原油自燃温度、火线推进速率、氧气利用率、视 H/C 原子比、燃料消耗量、空气耗量、驱油效率、空气油比。

为了获得以上参数，需要对实验重点把握的环节有：温度场发育特点及变化规律、模型压力变化特点、通风强度的调整、燃烧尾气实时变化监测分析、燃烧前后原油物理化学性质分析。

二、实验方案的制定

合理的实验方案是成功实验的保证，所以实验前根据实际经验和有关文献对实验方案进行了系统的设计计算，现把主要参数注气速率的确定说明如下。

法国石油研究院在开展燃烧管实验时经过多年的实践得到通风强度为$42 \mathrm{Nm^3/(m^2 \cdot h)}$时可以获得较好的实验效果，由于实验配置的油砂含油饱和度较高，所以采用的通风强度数值要稍大，确定为$60 \mathrm{Nm^3/(m^2 \cdot h)}$。然后再确定本次实验的空气流量。空气流量是通过通风强度和实验装置的气体有效通过横截面积计算得到的。

通风强度：

$$q_a = 60 \mathrm{Nm^3/(m^2 \cdot h)} \tag{2-1}$$

一维模型的横截面积为：

$$A = 0.09 \times 0.036 = 0.00324 \mathrm{m^2} \tag{2-2}$$

因此，空气流量为：

$$Q_a = q_a \times A = 60 \times 0.00324 = 0.1944 \mathrm{Nm^3/h} = 3.24 \mathrm{L/min} \tag{2-3}$$

三、实验步骤与实验条件

1. 实验步骤

火烧油层一维实验的实验步骤如下：

（1）实验准备。根据实验要求，确定模型砂的种类和粒度组成，配制模型砂，测定模型砂的渗透率和热物性参数。

（2）实验模型装填。检查真空隔热层渗漏情况，如发现渗漏及时抽真空将点火器、模拟井、热电偶、压力传感器等布置到设计位置将模型砂均匀填入模型注入氮气进行模型的密封实验。

（3）孔隙度测定。模型经检验密封合格后，放空氮气，连接抽真空系统，抽真空，使模型的真空度达到实验要求将饱和水在负压下吸入模型，记录饱和水的体积，根据模型体积和饱和水体积计算模型孔隙度。

（4）饱和度模拟。向模型内饱和原油，直至油层达到实验设计初始温度收集模拟井的产出液，计算初始含油饱和度和束缚水饱和度。

（5）连通性测试。火驱实验得以持续进行的前提条件是要预先建立地层中的烟气通道，保证燃烧产生的尾气能够及时排出。因此，在点火前要通过氮气通风，进行注、采井间的连通性测试。在通风测试过程中要建立模型内部初始温度场。通风测试的同时还要进行测控系统调试、产出系统的连接准备。

（6）火烧油层模拟实验。根据实验要求将高温空气炉升到指定温度；打开生产井，从注入井注入符合压力、温度和速度要求的高温空气，打开点火器点火；利用测控系统进行实验过程的在线监测及实验数据的存储；根据实验要求，确定实验的结束；对产出液进行油、水分离，计量油、水产量；对模型逐渐进行泄压、降温，达到常温、常压。

实验具体流程如图2-1所示。

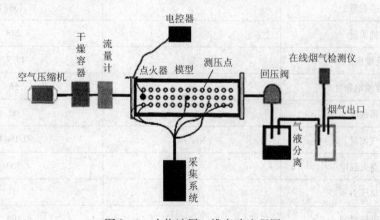

图2-1　火烧油层一维实验流程图

2. 实验条件

本次实验采用火烧油层一维模拟装置。共布置了3行13列共39支热电偶监测温度变化，每行热电偶间距为3.2cm，每列热电偶间距为3.2cm；1支测压点监测模型内压力变化，位于模型中央处点火方式为电点火，设计点火温度为500℃，其中点火器位于模型注气井处，具体布置情况如图2-2所示。

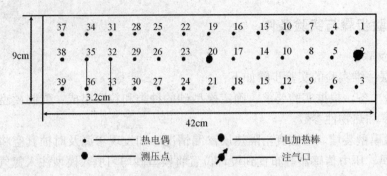

图 2-2　火烧油层一维模型测温点及测压点、点火器布置示意图

四、实验结果分析

室内分别对不同原油(曙 1-38-330 脱水原油、高 3-2-75 井脱水原油、冷 37-45-526 井天然油砂和高检 1 井天然油砂进行了 4 次火烧油层一维模拟实验。通过这些实验,确定了点火温度等燃烧基础参数,研究了燃烧前后气体组分变化与原油物理化学变化规律。

本文先以曙 1-38-330 脱水原油一维火驱实验为主线,逐步分析火烧油层各燃烧基础参数(见表 2-1),然后再与不同块原油进行对比分析,得出规律性认识。

表 2-1　曙 1-38-330 脱水原油实验基本参数及燃烧指标

实验参数	单位	数值
原油密度(20℃)	g/cm³	0.985
原油黏度(50℃)	mPa·s	38670
装砂质量	g	1588
装油质量	g	278
孔隙度	%	45.72
初始含油饱和度	%	56
通风强度	Nm³/(m²·h)	60
空气流量	Nm³/h	0.1944
设计点火温度	℃	500
出口压力	MPa	1
燃烧进行时间	min	189
火线前缘推进速率	cm/min	0.2
最高温度	℃	663
产出气体的 O_2	%	10.11

实验参数	单位	数值
平均百分含 CO_2	%	6.82
量 CO	%	3.22
氧气利用率	%	52.15
视 H/C 原子比	—	1.044
燃料消耗量	kg/m^3	28.99
空气耗量	Nm^3/m^3	298.6
空气油比(AOR)	Nm^3 空气$/m^3$	2345.4
驱油效率	%	78.6

1. 温度场变化与点火温度

从图 2-3 温场图看出,燃烧首先从点火器段开始发生燃烧,向出口端缓慢推进。随着燃烧前缘不断推进,燃烧波及过的区域也在不断扩大。实验表明只有不断调整空气的注入量,才能维持并扩大燃烧,注气量的调整对燃烧继续推进有着至关重要的作用。实验过程中最高燃烧温度可达 663℃。从火线形成到推进到生产井整个实验过程持续 189min,平均火线推进速率为 0.20cm/min。

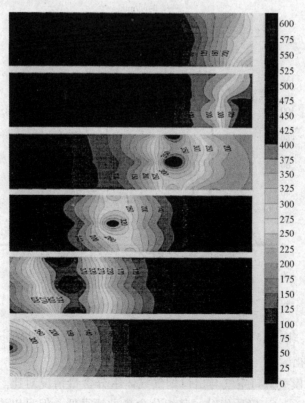

图 2-3　实验过程中温度场变化云图

原油自燃温度是设计火烧现场点火阶段加热器功率及其加热时间的一个重要参数。当油层中原油与注入的空气发生高温氧化作用时，会放出大量的热量，导致反应区域的热量大量积累，温度迅速升高，因此通过对测点温度随时间变化曲线求导，计算出温度变化速率最大值，精确计算出自燃温度。图2-4给出了模型中相邻测点的温度变化曲线，不同测温点出现温度最高值的时间不同，反映了火线前缘推进的过程，对图2-4中的曲线进行求导计算，即如图2-5所示，得出了不同测温点温度变化率，即可以精确计算出原油的自燃温度。通过计算，曙1-38-330井脱水原油的自燃温度为340～360℃。

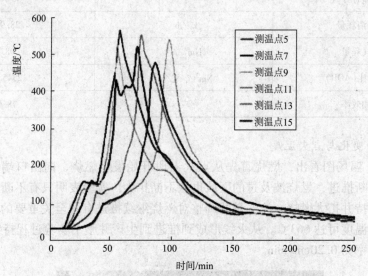

图2-4　模型中相邻测温点温度随时间变化曲线

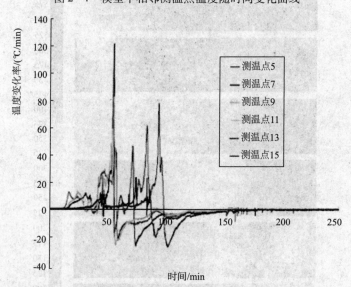

图2-5　模型中相邻测温点在单位时间内温度变化情况

2. 气体组分变化

表2-2给出了模型入口空气与出口烟气气体组分含量情况对比。从对比情况可以看出，烟气中增加了C_1～C_4轻质组分，其组分含量虽然很低，但足以说明模型中原油发生

了蒸馏与裂解现象而烟气中出现 CO 与 CO_2 浓度的增加及 O_2 浓度的降低则反映了模型中氧化、燃烧现象的存在。

表 2-2 燃烧前后气体组分变化

组分		O_2	N_2	CO	CO_2	C_1	C_2	C_3	iC_4	nC_4	C_6+
含量/%	空气	21.8	77.78	—	0.03	—	—	—	—	—	—
	尾气	10.11	79.48	3.22	6.82	0.22	0.06	0.06	—	—	0.02

氧气利用率利用以下公式计算：

$$Y = 1 - \frac{79c(O_2)}{21c(N_2)} \tag{2-4}$$

式中 Y——氧气利用率，%；

$c(O_2)$——燃烧产出气中氧气含量，%；

$c(N_2)$——燃烧产出气中氮气含量，%。

$c(O_2)$、$c(N_2)$ 的选取均为稳定燃烧阶段的平均值，得到该实验中曙 1-38-330 井脱水原油的氧气利用率为 51.25%，值越大越好，说明氧气的利用越充分。

视 H/C 原子比与氧气利用率是判断燃烧阶段、燃烧稳定性的重要依据。视氢碳原子比亦称为当量氢碳原子比，之所以这样称呼，是因为只考虑高温氧化反应，不考虑低温氧化反应，不考虑油层内矿物质和水的化学反应，即认为氧与有机燃料的反应，结果生成 CO、CO_2 和 H_2O 等基本反应产物。实际上并非如此，因此由高温氧化反应的化学计算式只是近似地反映了包括氧、碳和氢的反应，称之为"视"或"当量比"。

可按高温氧化反应全部的氧气消耗都生成 CO、CO_2，所有不在 CO 和 CO_2 中的氧均在氢燃烧生产的水中求得视 H/C 比 X：

$$X = \frac{1.06 - 3.06c(CO) - 5.06[c(CO_2) + c(O_2)]}{c(CO_2) + c(CO)} \tag{2-5}$$

式中 X——视 H/C 比，小数，无因次；

$c(O_2)$——燃烧产出气中氧气含量，%；

$c(CO)$——燃烧产出气中一氧化碳含量，%；

$c(CO_2)$——燃烧产出气中一氧化碳含量，%。

当发生高温氧化反应，视 H/C 原子比值相当低，一般在 1~3 范围内当发生低温反应时，X 值增大，视 H/C 原子比值在 3~10 范围内。在该实验中，曙 1-38-330 井脱水原油视 H/C 原子比为 1.044。

3. 油效率与空气油比

实验方案制定时确定通风强度为 $60Nm^3/(m^2 \cdot h)$，这是指火线形成并稳定燃烧阶段的平均通风强度。而在实验实际操作过程中，为了保证点火成功并火线平稳推进，采用变速注气方式，即开始时以低的通风强度注气，随着火线的推进，通风强度也进行相应的调整。具体如图 2-6 所示。

在变速注气方式操控下，火线较平稳地推进到模型出口处，在模型出口附近有部分油砂结焦，呈黑色致密状，其余部分都很好地波及到，波及的油砂呈白色粉末状，如图 2-7 所示。沿模型长度整个岩心分布情况如图 2-8 所示。

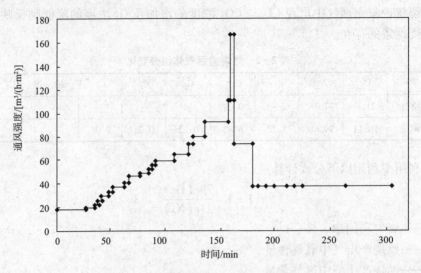

图 2-6　实验过程中变速注气情况

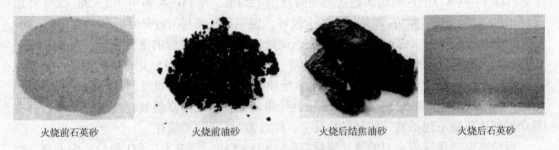

火烧前石英砂　　　　火烧前油砂　　　　火烧后结焦油砂　　　　火烧后石英砂

图 2-7　火烧前后油砂对比情况图片

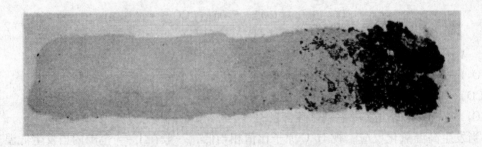

图 2-8　火烧实验后油砂沿整个长度分布情况

在该实验中，如图 2-9 所示，曙 1-38-330 井脱水原油驱油效率为 78.6%。与图 2-6 进行对比分析，在实验开始时，通风强度较低，与此对应的产油速率也很低，当通风强度达到极大值时，模型也随之出现产油高峰期，驱油效率曲线迅速升高。这表明在火烧油层开采过程中，通风强度不仅仅要为燃烧提供充足的氧气，还要为原油的移动提供部分驱动力。

另外，在该实验中，共注入空气 0.527Nm³，则根据实验总的驱油效率可计算出曙 1-38-330 井脱水原油火烧油层一维实验的空气油比为 2345.4。

4. 燃料消耗量与空气消耗量

燃料消耗量是影响火烧油层成功与否的最重要因素。如果燃料消耗量太小，燃烧无法

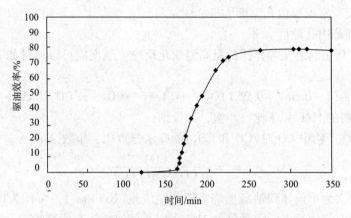

图2-9　实验过程中驱油效率随时间变化曲线

维持下去，太大就需要很大的空气需要量和压缩功率消耗，产油量亦小。而火烧油层中实际的燃料不是油层中原来原油，而是原油蒸馏和热裂解后沉淀在岩石中砂粒上可用来燃烧的富含炭残渣。大量的实验室实验指出，燃料消耗量变化范围在 13 ~ 45kg/m³，随氢碳原子比 H/C 的增大而减少，随原油密度增大而增大，随原油黏度增大而增大。

一维燃烧管实验计算燃料消耗量的方法是，在模拟油层条件下，采用填充或放入岩心的管子在室内进行燃烧实验得出结果。油砂层或岩心和原油必须取自所要研究的目的油层。理论上，为了模拟温度前缘的推进要加热管子，并且当达到燃烧温度时注入空气，此时发生燃烧。由于连续的空气注入，燃烧前缘在管子中向前推进，由消耗氧气量和燃烧前缘推进速度来求得燃料消耗量。在该实验中，曙1-38-330 井脱水原油在实验过程中的燃料消耗量变化情况如图 2-10 所示，其中燃料消耗量最大值为 28.99kg/cm³。

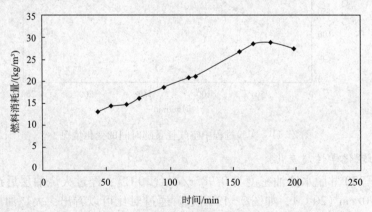

图2-10　实验过程中燃料消耗量随时间的变化情况

考虑到实验室燃烧管内的孔隙度 ϕ_p 与现场油藏孔隙度 ϕ_R 必不一致，所以 1cm³ 油藏容积燃料消耗量应加以校正如下

$$m_R = \frac{1 - \phi_R}{1 - \phi_p} m_p \qquad (2-6)$$

式中　m_R——现场油藏的燃料消耗量，kg/cm³；

　　　　m_p——现场油藏的燃料消耗量，kg/cm³；

ϕ_P——实验室模型内孔隙度，% ；

ϕ_R——油藏内孔隙度，% 。

火烧油层实质上起着主导作用的是高温氧化反应。该反应可以通过如下化学计算方程表示：

$$CH_x + (1 - 0.5m' + 0.25X)O_2 \longrightarrow (1 - m')CO_2 + m'CO + 0.5X \cdot H_2O \qquad (2-7)$$

式中　X——燃料的 H/C 原子比，小数，无量纲；

　　　m'——燃烧产物中 CO 对（CO 和 CO_2）的摩尔分数比，小数。

$$m' = \frac{n(CO)}{n(CO) + n(CO_2)} \qquad (2-8)$$

空气耗量定义为单位体积油藏燃烧需要的空气量（Nm^3/m^3），可作为现场注气量的判断依据。考虑到空气中氧气的含量仅占21%，以及任何气体在标准状态下的摩尔体积均相同，即 $22.4m^3/kg$。因此，如已知燃料消耗量，则烧掉单位体积油层燃料需要的空气量为：

$$V_R = \frac{112.5 m_R}{12 + X}(1 - 0.5m' + 0.25X) \qquad (2-9)$$

在该实验中，曙 1－38－330 井脱水原油在实验过程中的空气耗量变化情况如图 2－11 所示，其中空气耗量最大值为 $28.99kg/cm^3$。

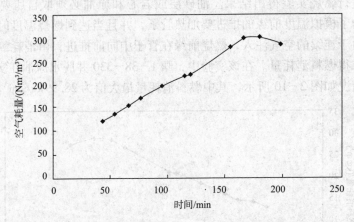

图 2－11　实验过程中空气耗量随时间的变化情况

5. 原油物理化学性质变化

曙 1－38－330 井脱水原油密度为 $0.985g/cm^3$（20℃），经过火烧油层后产出原油密度平均约为 $0.970/cm^3$（20℃），如图 2－12 所示。通过对比可以看出，火烧油层可以明显降低原油密度，说明火烧后原油成分发生了变化，轻质组分明显增加。

图 2－13 给出火烧前后曙 1－38－330 井脱水原油 50℃黏度变化情况。从图中可以看出，曙 1－38－330 井脱水原油在火烧前℃黏度为 38670mPa·s，而经火烧后，原油℃黏度已经降至了 1411mPa·s。这说明火烧油层过程中发生了一系列的化学反应，使稠油品质得到改善，最终导致原油黏度明显降低。

火烧油层不仅仅使原油的物理性质发生明显变化，也对原油的组分等化学性质产生了重要的影响。

图 2－14、图 2－15 为曙 1－38－330 井脱水原油燃烧前后全烃气相色谱图。从图 2－14

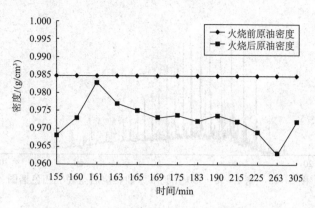

图 2-12　火烧前后原油(20℃)变化情况

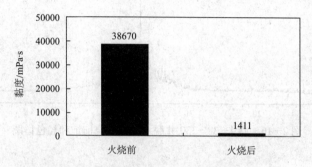

图 2-13　火烧前后原油黏度(50℃)变化情况

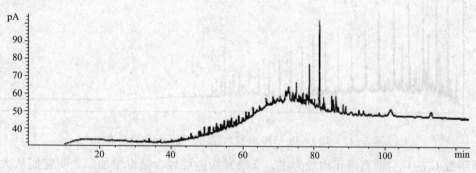

图 2-14　曙 1-38-330 井脱水原油燃烧前全烃气相色谱图

可以看出，原油正构烷烃基本上消失殆尽，仅保存抗降解能力稍强的幽烷、菇烷等环烷烃，并因大量杂原子化合物存在，色谱分离不开，使得基线严重太高，形成大包络，表明生物降解的程度较严重，油品较重。火烧后的原油全烃色谱中，均出现丰富的低碳数系列正构烷烃和异构烃，同时分布主峰由原来的后峰型变为前锋型，主峰碳数由原来的 $C_{28}\sim$ C_{30} 变为 $C_{13}\sim C_{15}$。分布趋势与地层正常原油基本一致。说明火烧后的低分子烃类主要来源于原油中高分子化合物的热降解或热裂解，也即原来结合胶质沥青质等复杂大分子环状结构上的一些脂肪链或低环数芳烃在热力作用下从大分子结构上断裂或解聚下来，成为组成正常原油的饱和烃芳烃馏分。

图 2-16、图 2-17 为原油饱和烃色谱图。从饱和烃色谱分析可以看出火烧前以高碳数(主峰碳数 $> C_{27}\sim C_{35}$)的四环烷烃、五环蕾烷烃为主和异构烃为主，火烧后变为低碳数

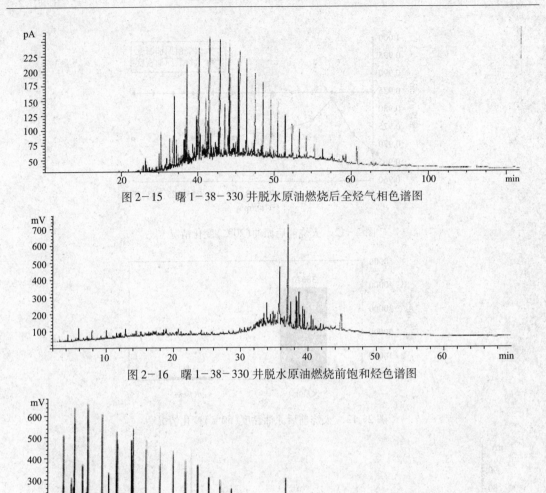

图2-15　曙1-38-330井脱水原油燃烧后全烃气相色谱图

图2-16　曙1-38-330井脱水原油燃烧前饱和烃色谱图

图2-17　曙1-38-330井脱水原油燃烧后饱和烃色谱图

（主峰碳数 C_{13}~ C_{17}）的直链正构烃为主，支链异构链烷烃含量也增加。表明它们从大分子侧链断裂下来。另外在 C_{27}~ C_{35} 区间内以四环烷烃、五环蕾烷烃为主的异构烃含量相对降低，说明这些大分子的饱和烃也发生了转化。

图2-18、图2-19为芳烃色谱谱图。从火烧实验前后芳烃的色谱分析对比发现，火烧前芳烃色谱分析谱图中主要为高环数的多环芳烃，主要为四、五环以上的含硫苯并唑吩、苯并类等，呈后峰型大包络分布火烧后，后峰部分的多环重质芳烃基本消失，见丰富含量的低环数芳烃如单环苯、二环蔡与三环菲等，成前锋型分布。考虑到非烃和沥青质主要是由含杂原子的、稠环的、大分子网状结构并带有大量侧链烷基组成，在火烧过程中发生的热降解或热裂解反应使重质芳烃、非烃、沥青质上的侧链烷基的断裂下来，或者稠环自身开裂所形成轻质烃类原油而另一方面有机质分子在裂解过程中也逐步呈现芳构化缩合过程，大分子芳烃在侧链断裂、脱氢过程中进不断缩合，最终形成焦炭、石墨。

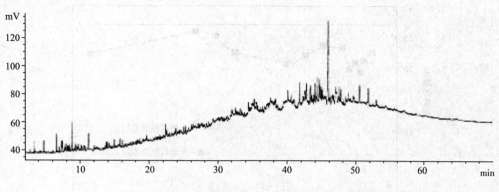

图 2-18　曙 1-38-330 井脱水原油燃烧前芳烃色谱图

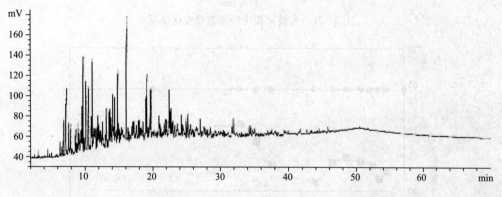

图 2-19　曙 1-38-330 井脱水原油燃烧后芳烃色谱图

从火烧前后原油族组分变化情况(图 2-20、图 2-21 和图 2-22)来看，火烧后原油的饱和烃相对含量明显地增多，而原油中重质组分(非烃 + 沥青质)与芳烃相对含量则明显减少。火烧后原油组分的明显变化表明火烧油层过程中存在着一系列化学反应使原油的品质发生了明显的改善。

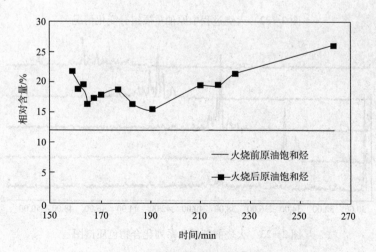

图 2-20　火烧过程中原油饱和烃变化情况

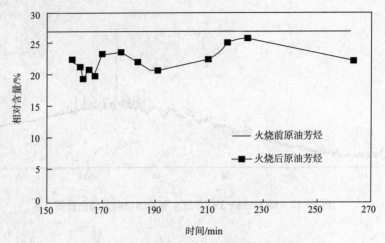

图 2-21　火烧过程中原油芳烃变化情况

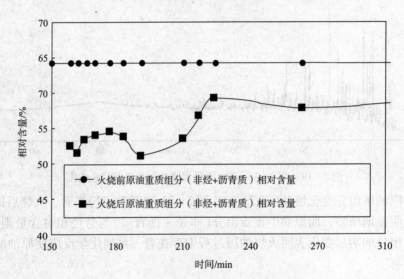

图 2-22　火烧过程中原油重质组分变化情况

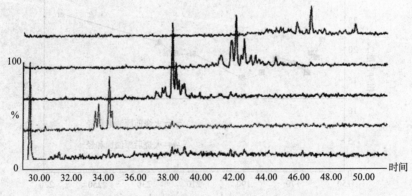

图 2-23　火烧前芳烃菲系列化合物色质谱图

从火烧前后的芳烃色质菲系列质量色谱图(见图 2-23、图 2-24)对比发现了化合物——蒽的存在,原始地层中低熟烃源岩演化有机质中不含此类物质,它的存在是原油经历高温裂解作用的结果，是反映原油受热程度的重要的标记化合物。从火烧前后原油菲系列色质分析谱图上发现了蒽的存在，正是反映原油经历了高温裂解的过程。另外，在菲系列色质图也可以看出随着苯环的烷基取代基的增加，在原油火烧过程中含量逐渐降低，到四甲基菲系列基本消失，反映苯环侧链烷基断裂是原油裂解的主要反应形式。

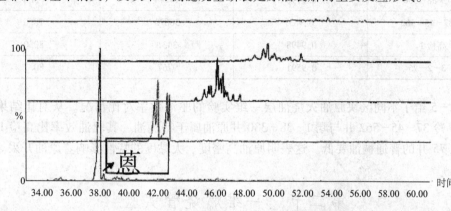

图2-24　火烧后芳烃菲系列化合物色质谱图

6. 不同区块原油火烧效果对比分析

原油的自燃温度和火线推进速率是火烧油层重要的设计参数。不同区块的原油由于受组分性质、地质条件等影响对于试验的方案设计有很大的差别，因此有必要对不同区块原油的燃烧参数进行分析对比。表2-3给了不同区块原油的燃烧参数对比数据。从表2-3中可以看出，在室内试验条件下，原油的自燃温度随着原油的密度、黏度的增大而升高。

表2-3　不同区块原油燃烧参数对比分析

目标区块（井号）	黏度(50℃)/mPa·s	自燃温度/℃	火线前缘推进速度/(cm/min)
曙1-38-330	38670	340 ~ 360	0.200
冷37-45-562	44240	334 ~ 368	0.148
高检1井	3431	311 ~ 337	0.117
高3-2-75	9767	285 ~ 300	0.290

表2-4给了曙1-38-330井与冷37-45-562井原油一维火烧实验过程中燃烧尾气组分的变化情况。从表中可以看出，冷37-45-562井原油氧气利用率比较高，这表明在同样的燃烧条件下，37-45-562井原油燃烧比曙1-38-330井需要更少的空气，从经济上讲更有利。

表2-4　不同区块原油燃烧尾气组分对比分析

井号	燃烧尾气组分/%										氧气利用率/%	视H/C原子比
	O_2	N_2	CO	CO_2	C_1	C_2	C_3	iC_4	nC_4	C_6^+		
曙1-38-330	10.11	79.48	3.22	6.82	0.22	0.06	0.06	—	—	0.02	52.15	1.044
冷37-45-562	3.52	81.62	3.42	10.99	0.23	0.12	0.07	—	0.01	0.02	84.32	1.413

表 2-5　不同区块原油驱油效率对比分析

目标区块(井号)	物性参数		驱油效率/%
	密度(20℃)/(g/cm³)	黏度(50℃)/mPa·s	
曙 1-38-330	0.9718	44240	75.3
冷 37-45-562	0.985	38670	78.6
高检 1	0.9498	3431	80.0
高 3-2-75	0.9591	9767	80.7

表 2-5 给了不同区块原油火烧油层一维实验的驱油效率对比情况。从对比结果中可以看出，冷 37-45-562 井与曙 1-38-330 井原油属于特稠油，其驱油效率比高检 1 井和高 3-2-75 井的普通稠油要低。这表明原油高密度、大黏度的特性影响着原油开采。

第二节　一维燃烧管实验

一维燃烧管模型(或称钢管模型)，可以模拟和研究现场注入井与采油井连线方向上的火烧动态过程，包括油层点火、油层温度分布及其变化过程，例如燃烧前缘位置及其运动速度与各种影响因素(如通风强度和孔、渗、饱参数等)的关系，燃烧前缘温度与时间、位置与产物(油、气、水)变化间的关系，还可以研究在已知油品特性、地层特性(孔、渗、饱及不同地层倾角)下和控制参数、操作因素(如通风强度和干烧、湿烧模式等)下的产液量(油、水、气等)、采收率及产出油品的物化性质变化规律等的动态变化规律。通过燃烧管试验可取得现场火烧设计和数模所需的基础数据。

一、一维燃烧管实验目的

火驱一维实验主要测定火烧油层基础参数及分析评定燃烧过程的稳定性。具体参数有：①原油自燃温度；②火线推进速率；③氧气利用率；④视 H/C 原子比；⑤燃料消耗量；⑥空气耗量。

二、一维燃烧管实验装置

实验系统的流程如图 2-25 所示。该系统主要由燃烧管、注气系统、注水系统、油气分离系统和测量与控制系统 5 个部分组成。

燃烧管的结构如图 2-26 所示。燃烧管由 1 根内管(岩心管)和 1 根同心的外管(外护套)构成。内管外壁焊有 11 根热电偶引出管，每一根引出管中插有 3 对热电偶(热电偶封装在一根直径为 8mm 的不锈钢管中)。在内管外壁上缠有 11 段电阻丝，每段宽约 180mm，用于加热内管外壁，维持内管内、外壁温度基本相同以减少热损失。热电偶的引出管位于每段电阻丝的中间位置。在电阻丝和外护套之间缠有玻璃棉，起隔热保温作用。燃烧管可以在其轴线所在的竖直平面内转动，并可以固定在任意位置。在实验过程中，燃烧管还可以绕中心线转动，用来减小重力分离效应。在燃烧管左端装有点火电炉。注气系统主要包括变频器、空气压缩机和质量流量计。变频器用于调节空气压缩机的排气量；流量计可以

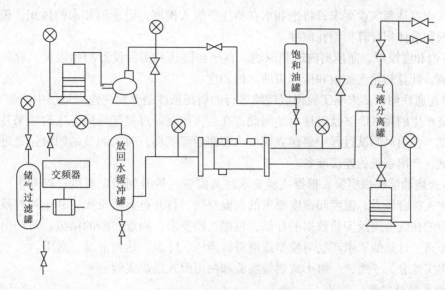

图 2-25 实验系统流程图

显示空气的瞬时流量和累积流量。注水系统主要包括计量泵、电子秤，有两个作用。

（1）实验前把饱和油罐中的原油压入燃烧管。

（2）在进行湿式燃烧实验过程中往燃烧管里注水。在燃烧管的 11 个横截面上都装有 4 对热电偶，其中一对在燃烧管中心，两对在内管内壁，另一对在内管外壁。通过比较燃烧管内、外壁温，可以由计算机自动调节或人工调节内管外壁的跟踪保温加热器的功率，使内管内、外壁维持相同的温度，减少燃烧管热损失。采用 Testo360 型烟气分析仪测量从燃烧管尾部排出的烟气成分。

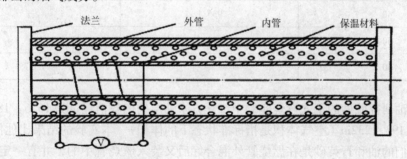

图 2-26 燃烧管结构示意图

三、一维燃烧管实验步骤

火烧油层一维实验的实验步骤如下：

（1）实验准备。根据实验要求，确定模型砂的种类和粒度组成，配制模型砂，测定模型砂的渗透率和热物性参数。

（2）实验模型装填。检查真空隔热层渗漏情况，如发现渗漏及时抽真空；将点火器、模拟井、热电偶、压力传感器等布置到设计位置；将模型砂均匀填入模型；注入氮气进行模型的密封实验。

（3）孔隙度测定。模型经检验密封合格后，放空氮气，连接抽真空系统，抽真空，使模型的真空度达到实验要求；将饱和水在负压下吸入模型，记录饱和水的体积；根据模型体积和饱和水体积计算模型孔隙度。

（4）饱和度模拟。向模型内饱和原油，直至油层达到实验设计初始温度；收集模拟井的产出液，计算初始含油饱和度和束缚水饱和度。

（5）连通性测试。火驱实验得以持续进行的前提条件是要预先建立地层中的烟气通道，保证燃烧产生的尾气能够及时排出。因此，在点火前要通过氮气通风，进行注采井间的连通性测试。在通风测试过程中要建立模型内部初始温度场，通风测试的同时还要进行测控系统调试、产出系统的连接准备。

（6）火烧油层模拟实验。根据实验要求将高温空气炉升到指定温度；打开生产井，从注入井注入符合压力、温度和速度要求的高温空气，打开点火器点火；利用测控系统进行实验过程的在线监测及实验数据的存储；根据实验要求，确定实验的结束；对产出液进行油、水分离，计量油、水产量对模型逐渐进行泄压、降温，达到常温、常压。

本次实验分为三组，一组干式燃烧实验和两组湿式燃烧实验。

1. 干式燃烧实验

1）燃料消耗量与空气需要量

实验所用的原油在不同温度下的密度和黏度如表2－6所示。

表2－6　原油密度、黏度与温度的关系

温度/℃	密度/(kg/m³)	黏度/Pa·s
27	939.9	—
32	—	1.475
40	933.1	—
50	925.5	—
60	—	0.275

法国石油研究院做的干式燃烧实验中每立方米油层的燃料消耗量为16.6～18.2kg，空气需要量为193～232m³（空气体积是指标准状态下的体积）。本实验的结果比他们的要大。这是因为他们的油和石英砂是在燃烧管外混合好后又装入燃烧管中的，并有一定的初始含水饱和度，但初始含油饱和度较低（47.5%～58.8%）。而在本实验中用的是烘干后的石英砂，含水饱和度为零，并且是先把石英砂装入燃烧管又用计量泵把原油压入燃烧管的，所以得到的初始含油饱和度较高（约75%），相应的每立方米油砂中的原油含量也要高很多，使得燃料消耗量和空气需要量都较大。

2）干式燃烧实验的产液量、产液密度和黏度

干式燃烧的产液量、产液密度和黏度随时间的变化如图2－27所示。从图2－27可以看出，实验开始后不久产液的密度和黏度与原油的密度和黏度相比显著降低（见表2－1），而随着时间变化，产液的密度和黏度又有所升高。这是因为在正常燃烧阶段烧掉了原油中的重质成分，燃烧前缘前面原油的热裂解使被驱替出来的原油密度和黏度减小；进入燃烧管后面几段，气窜的存在使燃烧反应不良，温度逐渐下降，燃烧反应产生的水蒸气与原油

一起以乳化液形式产出，使产液的密度和黏度升高。但产液的密度和黏度的最高值仍然比原油的低，达到了改质的目的。

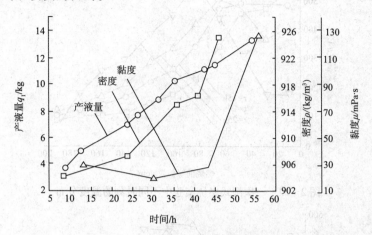

图2-27　干式燃烧的产液量、产液密度和黏度随时间的变化

2. 湿式燃烧实验

两次湿式燃烧实验的燃烧情况非常好，燃烧稳定，燃烧前缘推进速度快。图2-28是对一次湿式燃烧排出的烟气成分进行连续分析的结果。从图2-28可以看出，排出的烟气中CO_2含量高，O_2含量低，燃烧反应完全。

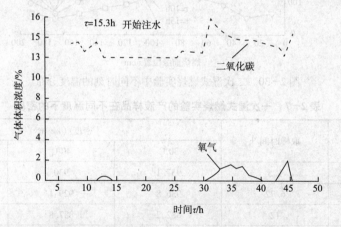

图2-28　湿式燃烧实验的烟气成分随时间的变化

1）温度分布

湿式燃烧实验的温度分布如图2-29、图2-30所示。由图2-29和图2-30可以看出，注水后燃烧前缘前面的温度有不同程度的提高，这说明注水起到了回收已燃区热量的作用。

2）产液密度的变化

实验2和实验3取得的产液样品在不同温度下的密度如表2-7和表2-8所示。虽然产液中含有一定的水分，但绝大多数样品的密度仍然比原油的密度要小。只有实验3中的第3次取得的样品密度比原油的大，这是因为此时实验将要结束，驱替出的原油量减少，而水蒸气的排出量增加，导致密度升高。

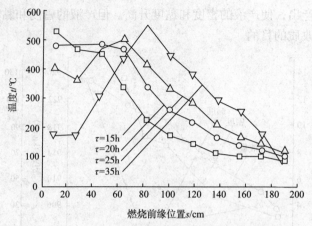

图 2-29　一次湿式燃烧实验中不同时刻的温度分布

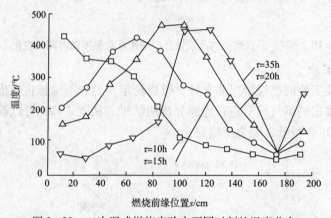

图 2-30　二次湿式燃烧实验中不同时刻的温度分布

表 2-7　一次湿式燃烧实验的产液样品在不同温度下的密度

样品号	取样时间/h	密度/(kg/m³)		
		30℃	40℃	50℃
1	1.5	937.1	930	925.3
2	6.72	936.8	929.1	923.5
3	12	882.2	887.8	869.3
4	22.08	894.5	888.9	881.5
5	27.5	919.1	913.2	906.1
6	37	898.1	898.1	893.3

表 2-8　二次湿式实验的产液样品在不同温度下的密度

样品号	取样时间/h	密度/(kg/m³)		
		30℃	40℃	50℃
1	6.05	933	927	921
2	13.33	925.7	920.2	914.4
3	24.5	955.2	950.1	946.5

四、一维燃烧管实验结果分析

选取了实验 1 一次干式燃烧、实验 2、实验 3 两次湿式燃烧 3 种比较典型的实验进行分析和比较。3 次实验的初始条件和结果如表 2-9 所示。

表 2-9　不同实验的条件和结果

参数	实验名称		
	干式燃烧	一次湿式燃烧	二次湿式燃烧
饱和入燃烧管的原油体积/dm³	17.4	17.5	17.2
初始含油饱和度/%	75.1	75.5	74.2
1m³ 油砂中原油含量/kg	300.9	302.7	297.5
空气流量密度/[m³/(m²·h)]	16.26	16.34	18.62
空气流量/(m³/h)	0.4418	0.4441	0.5059
注入水流量/(dm³/h)	0	0.48	1.44
燃烧前缘速度/(cm/h)	2.72	2.88	6.55
1m³ 油层的空气需要量/m³	605.8	586.2	293.9
最高温度/℃	460~490	490~550	450~470
氧气利用率/%	96.3	98.2	98.2
烟气中 O_2 的含量/%	0.8	0.38	0.38
烟气中 CO_2 的含量/%	11.8	13.37	13.37
烟气中 CO 的含量/%	5	5	5
燃料的视 H/C 比	1.6	1.15	1.15
1m³ 油层的燃料消耗量/kg	58.53	59.51	29.84
燃料占原油含量的质量分数/%	19.5	19.7	10
采收率/%	80.5	80.3	90

注：3 次实验的装砂质量均为 77.90kg，孔隙度均为 42.66%，初始含水饱和度为 0，烟气中 O_2、CO_2、CO 含量指平均体积含量

1）温度剖面

由图 2-31 可得出如下认识：

（1）在所给通风强度下，油温超过其自燃点后即可得到稳定燃烧。

（2）随着燃烧前缘的推进，存在不断扩大的温度大于自燃点的高温区，此区域中存在一个前进着的最高温度点（此最高温度不断升高，本次试验达 807℃）。

（3）燃烧区（燃烧前缘与最高温度点间的区域）不断扩大，但燃烧管上、中、下部各处

不同时间的最高温度点或燃烧前缘位置并非平行推进，而是经过一定时间（如 15 ~ 20h 后），才能逐渐达到上、中、下平行推进，此后还可能变化。

（4）不同时间前缘的推进速度有较大变化，但平均前缘推进速度（或燃烧速度）近似不变（由本试验求得平均前缘推进速度为 7.3cm/h）。影响该速度变化的因素可能是温度、前缘前方产物的物化性能变化或油层物性变化以及其他原因，需要进一步分析研究。

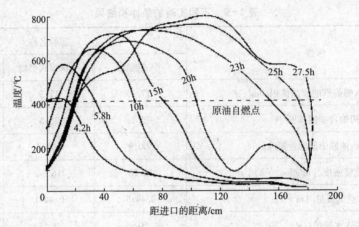

图 2-31　　一维燃烧管实验温度分布图

2）产出气体分析

主要分析产出气体（O_2、CO、CO_2、CH_4）的含量随时间的变化。图 2-32 给出前 3 种气体的瞬时含量分布，并给出了相应的平均最高温度 T_m 曲线。

由图 2-32 可见，当温度升到 350℃ 以后，大约 3h 时（平均最高温度约 420℃），出现了 CO 的第一个峰值；大约 3.5h 时（平均最高温度不到 430℃），几乎同时出现了 CO_2 的第一个峰值和 O_2 的谷值。CO_2 峰值的出现标志着油砂已点燃，如措施得当，则可稳定燃烧。此后相当长一段时间内，CO、CO_2 及 O_2 的含量都保持大致稳定，约 18 ~ 20h 后（温度达 620℃ 以上），出现 CO_2 第二次急剧上升及 O_2 相应的急剧下降，表明发生了更强烈的高温氧化反应。

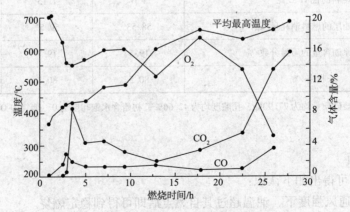

图 2-32　　一维燃烧管实验产出气体随时间变化曲线

第三节 二维平面模拟实验

一、实验目的及原理

火驱主要是利用油层本身的部分燃烧裂化产物作为燃料，利用外加的氧气源和为人的加热点火手段把油层点燃，并维持不断的燃烧，燃烧生热使温度达到 600~700℃，实现复杂的多种驱动作用。其驱油原理为：当空气作为氧源，向注放井注入热空气把油层点燃时，主要燃烧参数是焦炭的燃点；控制注入气温度略高于焦炭的燃点，并依一定的通风强度不断注放空气，会形成一个慢慢向前移动的燃烧前缘及一个有一定大小的燃烧区，当确信油层已被点燃后，可停止加热。燃烧区的温度会随时间不断增高，在燃烧区前缘的前方，原油在高温热作用下，不断发生各种高分子有机化合物的复杂化学反应。如热裂解、低温氧化和高温氧化反应，其产物也是复杂的，除液相产物外，还有燃烧的烟气（一氧化碳、二氧化碳、天然气等）。

一般认为，在燃烧前缘附近是裂解的最后产物——焦炭形成的结焦带，再向外是轻质烃类油带（即油墙），以及最前方的已降黏的原始富油带。

火烧油层采油和注蒸汽采油一样，都是通过加热的方式，降低原油的黏度，使其变得更容易流动从而提高原油的采收率。火烧油层的采收率常可达到50%以上，并且可以在比蒸汽驱采油更复杂、更苛刻的地层条件下应用，因而是一种对稠油和残余油开采的具有诱惑力的热采技术。但与注蒸汽相比火烧油层有着一些本质上的优势：

（1）它所使用的注入剂——空气到处都有，而注蒸汽则需要大量的水，水资源在某些地区严重匮乏。

（2）火烧油层烧掉的是原油中约10%的重组分，改善了剩余油的性质。

（3）火烧油层比注蒸汽有着更为广泛的油藏适用条件。

（4）火烧油层的热量就地产生，比注蒸汽的热能利用率要高，并可节省地面和井筒隔热措施的投资。

总的来说，火烧油层法有以下特点：

（1）具有注空气保持油层压力的特点，其面积波及系数比气驱高（五点井网气驱约为45%、火驱可达70%）。

（2）有相当于水驱的面积波及系数，但驱油效率比水驱高得多。

（3）具有蒸汽驱、热水驱的作用，但火驱的热效率更高，且产物的轻质组分因热裂解反应而更多些。

（4）有二氧化碳驱的性质，但其二氧化碳是原油高温氧化反应的产物，无需制造设备。

（5）具有混相驱降低原油界面张力的作用，但比混相驱有高得多的驱油效率和波及系数。

（6）热源是运动的，所以火驱井网，井距可以比蒸汽驱和化学驱更灵活。

二维火驱平面模拟实验系统流程见图2-33。

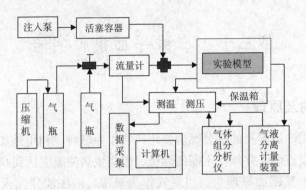

图 2-33　二维火驱平面模拟实验系统流程

二、实验平面模型装置

二维火驱平面模拟实验装置由注入系统、模型本体、测控系统及产出系统 4 个部分构成。注入系统包括空气压缩机、注入泵、中间容器、气瓶及管阀件；测控系统对温度、压力、流量信号进行采集及处理；产出系统主要完成对模型产出流体的分离及计量。二维火驱平面模拟实验装置，其模型本体为二维平板填砂模型，模型内部尺寸为 400mm × 400mm × 60mm，模型共设计一注（点火）一采两口井，注采井距为 560mm，模型中均匀分布 49 支热电偶，各点之间距离为 50mm，考虑到过多传感器可能对多孔介质本身造成干扰，在本组二维火驱实验中，没有在平面上布署足够的压力传感器来插值反演压力场。现沿模型对角线，即注入井和产出井连线两侧各插 6 支压力传感器，共 6 组 12 支压力传感器，第一组压力传感器距离注入井距为 120mm，其余 5 组之间和与第一组间隔相等，均为 71mm，这样可以通过压力和温度传感数据来判断油墙的形成以及火烧前缘的展布规律。实验装置放置在保温箱内，使用保温箱加热实验装置，使其维持装置内外温度基本相同，以减少热损失，实验装置如图 2-34 所示。二维火驱平面模拟实验的最高工作温度为 900℃，最大工作压力为 5MPa。

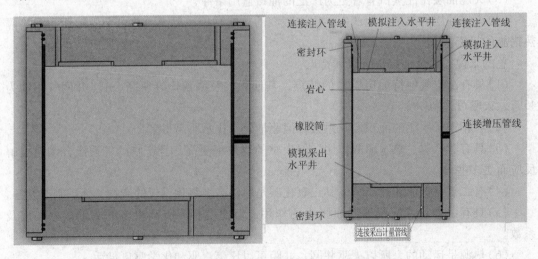

图 2-34　二维火驱平面模拟平板实验装置设计实物图

三、实验步骤

本实验首先根据某油藏地质特征，利用火驱相似准则设计室内模型孔隙度、渗透率、饱和度等参数；在此基础上进行岩心及流体准备、岩心及流体物性测试；此外，还要进行传感器标定、模拟井设计、点火器检测等准备工作。

具体实验步骤如下：

（1）参数设计。二维火驱实验的模拟油采用地层取样原油，模拟砂采用石英砂。根据相似理论计算，室内二维模型孔隙度为 40%，渗透率为 $100\mu m^2$；原始含油饱和度为 75.2%，含水饱和度为 24.8%。

（2）模型装填。包括模拟井/点火器安装、传感器安装、油层岩心装填、造束缚水、饱和油等。对于在地层条件下缺乏流动性的特稠油和超稠油，一般不能采用直接向模型饱和油的方法，而是采用将油、水、砂按设计比例充分搅拌混合的方法装填模型。本实验由于稠油50℃时地面脱气原油黏度为(325~2846mPa·s)，因此采用直接饱和油的方式构造初始含油饱和度场。

（3）检测。包括热电偶测温检测气密性检测、点火器检测、传感器标定等。

（4）通风测试。点火前利用氮气通风，测试入、出口井连通性，同时建立模拟油藏的温度场将初始温度升高至80℃。

（5）点火温度的确定。针对该油藏上层系总共进行了4次火烧油层平面模拟燃烧釜试验，通过对不同点火温度燃烧釜实验结果分析得出：在油层温度达到430℃以上，原油就可以点燃，但在450℃点火会更可靠。

（6）进行火驱实验。启动点火器预热，一般情况下首先向模型中注入的是氮气而不是空气。主要目的是防止在油层未被点燃之前先行氧化结焦；然后逐渐提高氮气的注入速度直到点火井周围一定区域的温度达到某一特定值时，改注空气，实现层内点火。整个火驱实验过程一般包括低速点火、逐级提速火驱、稳定火驱、停止注气、火驱结束等阶段。在实验过程中，通过计算机模拟系统监控模型各测温点温度、压力和流量信号。

四、实验结果分析

室内进行了多次火烧驱油模拟实验，通过这些实验，研究了注气强度对燃烧过程的影响、燃烧前后温度压力特征、火驱过程中各区带的饱和度特征及火驱储层各区带划分及特征。

1. 注气强度对燃烧的影响

室内共进行4次火驱实验，通过判断燃烧前缘位置来确定燃烧区位置。图2-35和图2-36是4次实验过程中火驱中止瞬间平板模型内温度场图。由图可以看出两次燃烧前缘位置分别在4号以及9号测温热电偶附近。当燃烧前缘达到最高温度时，采用人为灭火的方式，即打开保温箱同时改为注氮气，使其冷却到测定温度。实验结果显示，稠油在不同的注气速度下，温度变化不同，在 1.5L/min 的注气速度下，温度比在注气速度为 0.75L/min下的温度高，原因是稠油在较低的注气速率下形成低温氧化，砂岩的散热量大于氧化反应产生的热量，这时已燃区形成不规则的结焦物质，结焦物质自身的成分是高温裂解的烃类及焦化物附着在砂岩表面，对油藏的渗流产生较大影响。随着温度升高，烃类物质黏度降低，有助于原油流动；此外，燃烧前缘结焦带还有空气中的氮气、水蒸气等气相组分，随着温度升高，增大了烟道气的驱油效果。

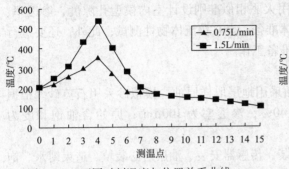
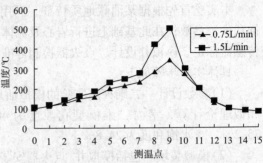

图 2-35　不同时刻温度与位置关系曲线一　　　图 2-36　不同时刻温度与位置关系曲线二

2. 二维火驱实验各区带饱和度分布

为了确定不同区带的含油饱和度，中途灭火后的二维平板模型中，分别在模型不同位置进行油砂取样。测定了模型中不同位置的含油饱和度，结果见表 2-10。

表 2-10　不同区带的含油饱和度

样品位置	含油饱和度/%
已燃区	0
结焦带	13.7
油墙	55.4
剩余油区	43.9

从表 2-10 中可以看出，在已燃区的含油饱和度为 0，说明在已燃区的原油全部被驱替干净了。结焦带的含油饱和度为 13.7%，油墙部位含油饱和度为 55.4%，剩余油油区的含油饱和度为 43.9%。需要指出的是，打开模型以后各区带之间的压力梯度消失，各区带之间的流体会在一定程度上重新分布，因此模型取样测定的油墙位置的含油饱和度会比动态火驱过程中的含油饱和度低，高饱和度的范围也会有所扩大。

3. 二维火驱实验各区带压力特征

稳定燃烧的条件是保持一定的注气速率，当注气速率为 1.5L/min 时，火驱形成稳定的驱油通道，此时已燃区基本不存在结焦成分，该区域地层渗透性得以改善，原油相对渗透率增大。而燃烧前缘结焦部分仅仅为原油火烧前缘提供燃料，影响原油流动的因素是燃烧区的高饱和度油墙，随着温度的升高，油墙中的原油黏度降低，流动性增大。在火驱气体未突破之前，此区域一直是渗流阻力最大的部分，存在压力梯度最大值以及压力降落最大的部分。如图 2-37 所示，在 $t=30\text{min}$ 时，火烧前缘在注入井附近，前端部分压力变化不大，在第 2 到第 3 组测压点位置，压力明显下降，压力梯度最大，说明在此位置压力损失严重。

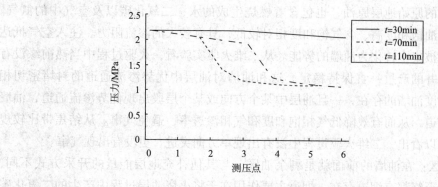

图2-37 不同时刻压力与位置关系曲线

在 $t = 70min$ 时，模型中已经燃烧的部分几乎没有压力降落，这是由于经过燃烧后的岩心含油饱和度为零，气相相对渗透率接近1；燃烧带及其前缘也几乎没有压力降落，同样是由于在燃烧带前缘的高温区内液相饱和度很低、气相渗透率很高；压力集中消耗在燃烧带前缘之前距离燃烧带 $10 \sim 20cm$ 以外的区域内，这一区域消耗的压降占总注采压降的 $70\% \sim 80\%$。根据平板模型内不同区域的上述热力学特征，认为分段压降百分比最高的区域为高含油饱和度油墙所在的区域。在该区域，由于含油饱和度较高、含气饱和度较低，导致气相相对渗透率较低、渗流阻力增大。

考虑到过多传感器可能对多孔介质本身造成干扰，在本组二维火驱实验中，没有在平面上布署足够的压力传感器来插值反演压力场。实验过程中注气井和生产井之间的压力差一直维持在 $1.11 \sim 1.13MPa$。在此注采压差下，各个生产井的产量均比较稳定。

4. 火驱储层各区带划分及特征

通过二维火驱实验，结合火驱过程中止后对模型中油层各个位置的含油饱和度分析，可将火驱储层从空气注入端到出口端划分为5个区域：已燃区、火墙、结焦带、油墙和剩余油区。

（1）已燃区：在燃烧带后面已经燃烧过的区域，岩心中几乎看不到原油，岩心孔隙为注入空气所饱和。由于空气在多孔介质中的渗流阻力非常小，故在实验过程中几乎测量不到压力降落。该区域空气腔中的压力基本与注气井底压力保持一致，压力梯度很小。由于没有原油参与氧化反应，在该区域氧气浓度为注入浓度。

（2）火墙：火墙也可以称为燃烧带，是发生高温氧化反应(燃烧)的主要区域。在该区域内氧化反应最为剧烈，氧气饱和度迅速下降。该区域的平均温度最高，区域边界的温度变化最为剧烈，温度梯度最大。

（3）结焦带：在燃烧带前缘一个小范围内，有结焦现象，灭火后的岩心在这个范围内呈现坚固的硬块。这部分为火驱过程提供燃料。发生在该区域的氧化反应主要为低温氧化反应。在火烧驱油过程中，这个区域由于温度仅次于火墙，温度较高，几乎没有液相存在，只存在气相和固相。固相是表面有固态焦化物黏附的岩石颗粒；气相由空气中的 N_2、原油高温裂解生成的烃类气体、束缚水蒸发形成的水蒸气、燃烧生成的水蒸气、CO 及 CO_2 组成。由于没有液相存在，这部分在火烧驱油过程中不形成明显的压力降。

（4）油墙：在结焦带之前的油墙的主要成分为高温裂解生成的轻质原油，混合着未发生明显化学变化的原始地层原油，也包含着燃烧生成的水、二氧化碳以及空气中的氮气。由于这个区域含油饱和度高、含气饱和度相对较低，具有较大的渗流阻力。注入空气抵达油墙后，其动能被集中转化为油墙的势能。从二维火驱实验看，火驱过程中当热前缘没有突破之前，生产井的产量一直保持稳定。这和油墙对油层中优势渗流通道的封堵密切相关。由于高饱和度油墙的存在，一旦油层中某个方向或某个层段出现优势渗流通道，油墙会自动流向该通道，从而有效降低气相饱和度和气相渗透率，避免气窜。从结焦带比较规则的几何形状可以看出，二维火驱过程中没有出现单方向突进，更没有出现气窜。

（5）剩余油区：在油墙的前面就是剩余油区。与其他补充地层能量的开采方式不同，火驱过程中自始至终都有烟道存在。烟道主要作用在于将火烧油层过程中产生的二氧化碳等气体排出地层，否则当二氧化碳的浓度达到一定程度时就会导致中途灭火。从这个角度讲，剩余油区是受蒸汽和烟道气驱扫形成的。

5. 气体组分变化

表 2-11 给出了模型入口（空气）与出口（烟气）气体组分含量情况对比。从对比情况可以看出，烟气中增加了 $C_1 \sim C_4$ 轻质组分，其组分含量虽然很低，但足以说明模型中原油发生了裂解现象；而烟气中 CO 的出现与 CO_2 浓度的增加及 O_2 浓度的降低则反映了模型中氧化、燃烧现象的存在。

表 2-11　燃烧前后气体组分变化

组分		O_2	N_2	CO	CO_2	C_1	C_2	C_3	iC_4	nC_4	C_6+
含量/%	空气	21.80	77.78	—	0.03	—	—	—	—	—	—
	尾气	10.11	79.48	3.22	6.82	0.22	0.06	0.06	—	—	0.02

6. 驱油效率

如图 2-38 所示，在实验开始时，注气速度较低，与此对应的产油速率也很低，当注气速率达到极大值时，模型也随之出现产油高峰期，驱油效率曲线迅速升高。这表明在火烧油层开采过程中，注气速率不仅仅要为燃烧提供充足的氧气，还要为原油的移动提供部分的驱动力。

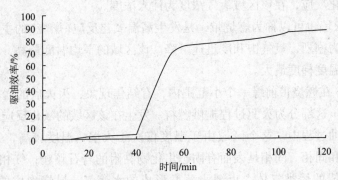

图 2-38　实验过程中驱油效率随时间变化关系曲线

第四节　三维物理模拟实验

一、实验目的

火烧油层三维物模实验的目的是求得以下一些必要的燃烧参数，作为现场火烧工艺方案设计的基本依据，并为数模提供相关参数。

1. 燃烧生成量

探求影响燃料生成量的主要因素及其影响规律是物模的首要任务。燃料生成量即物模试验后得到的焦砂中焦炭的含量（以 kg/m^3 为单位），表示在某种燃烧条件下，每立方米油藏所含的焦炭量。它除与油品性能有关外，还与火烧条件有关，例如通风强度等。燃料生成量也可换算成占储量的百分数，是初步判断目的油层是否能实施火烧法的依据之一：若燃料生成量太少（小于储量的10%），可以断定该目的层不适于火驱，因燃料不足以维持油层稳定燃烧；反之，当燃料生成量太多（大于储量的15%），表示该燃烧条件下将烧掉更多燃料（一般燃烧前缘后面的燃料都会被烧掉）。其结果是火线温度高，燃烧生成水多，直接影响空气耗量和采收率等经济指标。

2. 原油的自燃温度

在油层的燃烧过程中，原油燃烧或加温会发生一系列化学变化，一般分为热裂解和氧化反应，后者又分为低温氧化和高温氧化。热裂解反应是烃链破坏型，即大分子变成小分子，一般是吸热反应。低温氧化（温度一般为 $250 \sim 350℃$）时，氧气与原油化学反应主要生成各种含氧化合物，对焦炭生成量有直接影响，可看成氧溶入油的反应，不生成 CO 或 CO_2。温度大于 $350℃$ 后，化学反应主要是高温氧化反应，主要产物是同时产生的 CO、CO_2 和水，一般反应式如下：

$$CH_n + \left[\frac{2m+1}{2(m+1)} + \frac{n}{4}\right]O_2 \longrightarrow \left(\frac{m}{m+1}\right)CO_2 + \left(\frac{1}{m+1}\right)CO + \frac{n}{2}H_2O \qquad (2-12)$$

式中　n——H 与 C 原子比；

　　　　m——CO 与 CO_2 分子比。

高、低温氧化反应都是放热反应，无论反应快慢，都有一个 CO 和 CO_2 含量逐渐上升（出现一个峰值）而氧气含量下降（出现一个低谷）的过程。对应峰、谷值时的油藏燃烧区的平均最高温度（T_m）可视为该种原油的自燃温度。只有保证供应油藏充足的氧气，并使温度达到自燃温度以上（即温升充分达到高温氧化阶段），才能认为油藏已被点燃。自燃温度是设计火烧现场点火阶段加热器功率及其加热时间的一个重要参数，因而是物模必测的参数。

3. 通风强度

通风强度的定义是通过单位横截面积的空气流量，单位为 $m^3/(h \cdot m^2)$ 或 $m^3/(min \cdot m^2)$。它反映火烧时注入氧气的多少，不仅影响燃料生成量，而且关系到现场火烧点火阶段的注气量、加热时间及稳定燃烧阶段的燃烧质量，如燃烧可达的最高温度、燃烧前缘推进速度（或称火线速度）、燃烧区宽度、燃烧产物的物化性质等。它还特别关系到对火烧法经济指标的设计,如对空气注入速度及总耗气量的设计,最终又反映在风油比和燃烧率这两个经济指标上。

上述燃料生成量、原油的自燃温度和通风强度被称为火驱三大燃烧参数。

4. 风油比和燃烧率

风油比和燃烧率是两个重要的火烧经济指标。风油比定义为:生产每立方米原油所消耗的空气量;燃烧率定义为:燃烧每立方米油砂所耗的空气量。显然通风强度越大,燃烧每立方米油砂所耗的空气越多(燃烧率大),越不经济,火线推进也越快(太快的推进易发生火窜);而通风强度太低,又会使火线推进速度太慢,单位时间燃烧生热量不足以补偿损失的热量,结果维持不了稳定的燃烧,可能终止燃烧。选择合理通风强度,不仅关系到火烧法的经济性,还关系到油藏稳定燃烧阶段的控制。

5. 其他重要结果

通过火烧物模实验,还得出以下结果,为燃烧动态控制提供依据。

(1)测试给定燃烧时间内的燃烧体积,即通过解剖物模装置内的燃烧样品而测绘出已燃过带、结焦带、未燃带的剖面分布图。

(2)直接求得不同燃烧时间的温度场、压力场及燃烧前缘位置,间接求得燃烧带、结焦带宽度、前缘推进速度及岩样渗透率变化规律等。

(3)通过产液分析及其与时间的关系,可以求得燃烧过程中燃烧前缘与产出程度、产液物化特性(密度、黏度、含水量、离子含量、pH 值等)变化的规律性认识。

(4)通过分析产出气体及其与时间的关系,有助于现场点火阶段及稳定燃烧阶段的燃烧状态分析及其动态控制。

(5)通过多轮次物模实验,求出通风强度与氧气利用率、燃料耗量、耗风量、燃烧率、燃烧速度、驱油效率等参数之间的关系,有助于现场火烧经济指标的设计。

总之,火烧物模实验是现场火烧工艺设计前及火驱过程中实现燃烧控制必不可少的工作,对深入了解火烧法机理及应用条件的研究也大有裨益。

二、实验方案

为了研究火烧油层燃烧带前缘的三维展布规律,针对实验油田的地质特征,设计了室内三维模型。室内物理模型采用与地层不同的孔隙介质(不同粒径的石英砂)、相同的流体。表 2-12 中给出了室内三维物理模型参数与现场原型参数之间的对应关系。

表 2-12　室内模型参数与现场原型参数间的对应关系

参数	模型值	地层	参数	模型值	地层
孔隙度/%	38.0	25.1	注气井与边井距离/m	0.48	60
渗透率/$10^{-3} \mu m^2$	7.3	673	含油饱和度/%	80	80
长度/m	0.5	62.5	含水饱和度/%	20	20
油层厚度/m	0.08	10.0	储层原始温度/℃	24	20
地层导热系数/[W/(m·℃)]	0.65	0.65	注气速度/(m³/h)	2700	0.05(50L/min)

常规的直井组合火烧实验，采纳1/4个反九点面积井网，1口直井注气井和3口直井采油井和模型布井方案如图2-39所示。

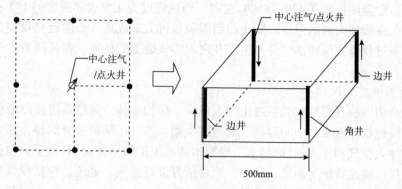

图2-39 三维物理模拟布井方式——直井组合

三、实验步骤及流程

1. 实验步骤

1)实验准备

按照相似准则的要求准备合适粒径的石英砂，用于充填模型并满足渗透率要求；火驱实验一般采用地层实际原油，火驱实验前要测试模拟油的黏度、密度等物性数据；检查温度传感器、差压传感器，保证其处于良好状态，必要时要进行重新标定。

2)模型装填

把模拟井安装到指定的接口，同时将温度传感器、差压传感器安装到模型油层的指定位置，然后向模型中装填油砂，逐层压实。在装填过程中注意保持热电偶在指定的位置不动。

3)封装模型

油层填砂(或油砂)结束后，盖上承压容器上盖进行封装。模型封装好以后，同时用氮气向模型的上、下盖层和油层打压。将压力稳定到5MPa，维持3h后，观察压力的变化。在模型各个引出端口用表面活性剂检测是否有漏气现象。如有泄漏，及时更换密封接头。

4)建立初始温度场

模型本体连同承压容器都安装在分体式恒温箱中，关闭恒温箱前后门，设定恒温箱加热温度(一般在加热刚开始时设定加热温度≥150℃，到加热的最后阶段再进行监测。一般加热到40~48h后，模型内部各个点的平均温度可以达到地层温度。当模型内部各个测温点温度达到地层温度附近时，将恒温箱的温度也控制在地层温度，直到模型内部各点温度处处相等(一般允许各点温度差在1~2℃)后，可以进行火驱实验。

5)通风预热

将点火器边壁温度控制在400~420℃，启动点火器对油层进行加热。为了防止局部过热并使热量向注气井周围有一定程度的扩散，在启动点火器的同时要向模型中通入一定流速的氮气。通入氮气而不直接通入空气的目的是防止在油层被点燃之前发生过量的低温氧化，同时也是为后续火驱过程建立排气通道(即相当于建立"烟囱")。氮气通风强度的确定取决于点火器的加热功率和点火器边壁的设定温度。

6）火驱实验

通风结束后，关闭氮气通道，向中心注气井改注空气。适当提高点火器控制温度，一般将点火器边壁温度控制在 420～450℃左右。通风强度为正常火驱强度的 1/3～1/2 之间，根据点火情况逐级加大通风强度。防止前期因风量过大造成点火点附近热量损失过快、点火困难。火驱过程中要保持注气井与生产井之间排气通道的畅通，保证所有生产井都具有排气能力。

2. 实验系统及流程

三维火烧驱油物理模拟实验系统由注入系统、模拟本体、测控系统及产出系统构成。

注入系统包括注入泵、中间容器、蒸汽发生器、空气压缩机及管阀件，注入系统为模型本体提供注入空气和注入蒸汽/热水；模型本体所模拟的原型为 3D 地层，包括油层、上盖层、下盖层；测控系统对温度、压力、流量信号进行采集、处理，包括硬件和软件；产出部分完成模型产出流体的分离、计量。

模型本体的主要功能是最大限度地模化再现地层三维孔隙介质、流体，并利用实验室内监测手段形成 3D 可视化油藏。在三维火烧油层室内实验过程中，该模型可以模拟点火过程和火烧过程的各个阶段，并可以在室内模拟现场的油藏管理过程。模型本体外部承压容器依靠法兰密封，可以承受 7MPa 以上的高压，内层为立方体，用于模拟油层及上下盖层，其三维几何尺寸为 500mm × 500mm × 100mm，最高耐受温度为 900℃。其实验流程如图 2－40 所示。

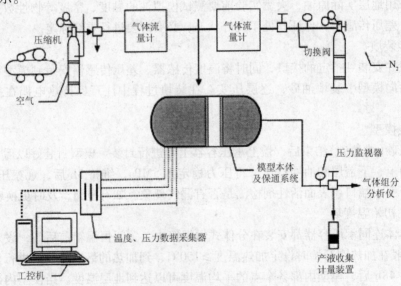

图 2－40　三维火烧油层物理模拟实验流程图

室内三维火烧驱油物理模拟实验的关键在于对储层中火驱前缘的监测，对过火面发育和展布状况的判断以及在此基础上对火驱矢量有针对性的调整和控制。室内三维物理模型通过内部设置的 147 支热电偶和 12 个压力传感器，可以监测到注采井井底及储层内部的温度、压力分布。在后处理软件的帮助下，可以有效监测储层内部的温度场、压力场分布，并根据温度场、压力场分布反演出过火面在储层中的发育和展布状况。这对于通过室内物理模拟实验去深入研究火烧过程中的宏观机理和过火面展布规律，及时调整注、采工艺，优化注采参数，改善火驱开发效果具有重要意义。

四、实验结果分析

(1)已燃区。在燃烧带后面已经燃烧过的区域,岩心中几乎看不到原油,岩心孔隙为注入空气所饱和。由于空气在多孔介质中的渗流阻力非常小,故在实验过程中几乎测量不到压力降落。该区域空气腔中的压力基本与注气井底压力保持一致,压力梯度很小。由于没有原油参与氧化反应,在该驱油氧气浓度为注入浓度。

(2)火墙。火墙也可以称为燃烧带,是发生高温氧化反应(燃烧)的主要区域。在该区域内氧化反应最为剧烈,氧气饱和度迅速下降。该区域的平均温度最高,区域边界的温度变化最为剧烈,温度梯度最大。

(3)结焦带。在燃烧带前缘一个小范围内,有结焦现象,灭火后的岩心在这个范围内呈现坚固的硬块。这部分为火驱过程提供燃料。发生在该区域的氧化反应主要为低温氧化反应。在火烧驱油过程中,这个区域由于温度仅次于火墙。由于温度较高,在该区域几乎没有液相存在,只存在气相和固相。固相就是上面说的表面有固态焦化物黏附的岩石颗粒,气相由空气中的 N_2,原油被高温裂解生成的烃类气体、束缚水被就地蒸发形成的水蒸气、燃烧生成的水蒸气,CO、CO_2 组成。由于没有液相存在,这部分在火烧驱油过程中也就形不成明显的压力降落。

(4)油墙。在结焦带之前的油墙的主要成分为高温裂解生成的轻质原油,混合着未发生明显化学变化的原始地层原油。也包含着燃烧生成的水、二氧化碳以及空气中的氮气。由于这个区域含油饱和度高,含气饱和度相对较低,具有较大的渗流阻力。注入空气抵达油墙后,其动能被集中转化为油墙的势能。从三维火驱实验看,火驱过程中当热前缘没有突破之前,3 口生产井的产量一直保持稳定。这和油墙对油层中优势渗流通道的封堵密切相关。由于高饱和度油墙的存在,一旦油层中某个方向或某个层段出现了优势渗流通道,油墙会自动流向该通道,从而有效降低气相饱和度和气相渗透率,避免气窜。从结焦带比较规则的几何形状也可以看出,三维火驱过程中没有出现单方向突进,更没有出现气窜。

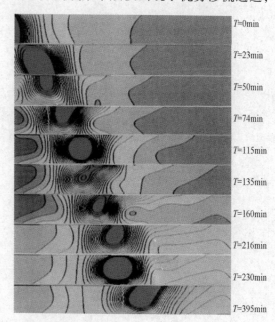

(5)剩余油区。在油墙的前面就是剩余油区。与其他补充地层能量的开采方式不同,火驱过程中自始至终都有烟道存在。烟道主要作用在于将火烧油层过程中产生的二氧化碳等气体排出地层,否则当二氧化碳的浓度达到一定程度时就会导致中途灭火。从这个角度讲,剩余油区是受蒸汽和烟道气驱扫形成的。

火烧前缘在垂向上的展布过程按时间顺序叠放于图 2-41。从图中可以看出,火烧前缘以一定角度倾斜于垂直截面向前行进,现由垂向推进速度,上层最快,其

图 2-41　火烧前缘在垂向上(对角方向)的温度分布

次为中下层，结合平面上测得的温度场，表明油层中下层的燃烧状况明显较上层差，存在气体重力超覆现象。

从结焦带的几何形状上也能发现重力超覆现象。结焦带与垂直方向存在一个 15° 左右的夹角。同时，在油层的最底部也形成了大约 1 ~ 1.5cm 的结焦带，这个结焦带在火驱后续推进过程中，无法完全燃烧。

火驱储层各区带及其特征见图 2-42。

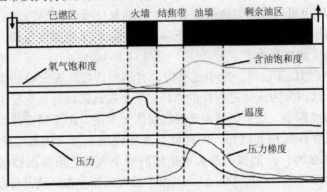

图 2-42　火驱储层各区带及其特征

第三章 油藏工程方法

第一节 火烧油层适应性评价方法

火烧油层采油技术从 20 世纪 50 年代初正式开始现场试验，至今已有数十年历史，大约进行了 160 多次现场试验与工业性应用，其中有些项目已取得明显的商业性成功，积累了不少的成功经验，工程技术日趋成熟。但是，也有相当多的火烧油层项目未获得经济效益，以失败而告终。在失败的实例中，甚至在一些成功的实例中出现的一个突出事实是，这些现场试验要么在较差类型的油藏中实施，要么作业条件不适合。由于火烧油层是一个很复杂的方法，并且没有一般性规律(或评价标准)保证获得成功。但是，我们可以从已经实施的火烧油层项目中，寻找可以判定和可能鉴别出火烧油层能够商业性成功的条件。从研究和现场试验看来，除作业条件外，成功与失败的关键，主要与正确选择油藏和合理的原油特性有着重要的关系。为了使火烧油层方案的实施能够获得较好的技术和经济效果，有关专家根据现场试验资料和当时的原油价格，就油藏和原有特性提出了如表 3-1 所示的火烧油层技术的选井与选层标准，但是该表的原则性较强。本节主要讨论火烧油层技术适合于何种类型的油藏、油层及原油特性，供读者在选井与选层确定火烧油层项目时参考。

表 3-1 火烧油层筛选标准

作者	年份	油层厚度 h/m	油层深度 z/m	孔隙度 ϕ	渗透率 $K/10^{-3}$ μm^2	含油饱和度 S_o	原油密度 $\rho/(g/cm^3)$	原油黏度 $\mu/mPa \cdot s$	流动系数 $Kh/\mu/$ $(10^{-3}\mu m^2/mPa \cdot s)$	储量系数 ϕS_o	备注
波特曼	1964			>0.2	>100					>0.10	油层较均匀，封闭性好，深度不限
吉芬	1973	>3	>152				>0.8		>30.5	>0.05	用于湿烧法
雷温	1976	>3	>152			>0.5	1.0~0.8		>6.1	>0.05	以吉芬标准为基础做了修改
朱杰	1977			>0.22		>0.5	0.91	<1000		>0.13	用回归分析和置信界限法统计资料
	1980			>0.16	>100	0.35	>0.825		>3.0	>0.077	

作者	年份	油层厚度 h/m	油层深度 z/m	孔隙度 ϕ	渗透率 $K/10^{-3}$ μm^2	含油饱和度 S_o	原油密度 $\rho/(g/cm^3)$	原油黏度 $\mu/mPa \cdot s$	流动系数 Kh/μ $(10^{-3}\mu m^2/mPa \cdot s)$	储量系数 ϕS_o	备注
爱荷	1978	1.5~15	61~1372	>0.2	>300	>0.5	1.0~0.825		>6.1	>0.064	干烧法井网小于16.2ha
	1978	>3	>152	>0.25		>0.5	>0.8	<1000		0.08	湿烧法
(NPC) 火烧	1984	>6	<3505	>0.3	>35		0.849~1.0	<5000	>1.5	0.08	现有技术
蒸汽	1984	>6	<914.4	>0.2	>250		0.849~1.0	<15000	>1.5	>0.1	

一、油藏对火烧油层的适应性

油藏对火烧油层的适应性,也就是它们之间的相容程度。如果油藏特性与火烧油层条件相适应,其方案将获得成功,并可获得较好的经济效益,否则有可能以失败而告终。下面仅以部分实例做简要说明。

1. 适用于仅开展一次采油的油藏

美国矿业局(USBM)选择宾夕法尼亚州的 Reho 油田进行火烧油层试验,其目的是因为该油田尚未进行任何二次采油,如水驱或者注空气。这种地层的含油饱和度高,采用火烧油层成功的可能性比较大。

2. 适用于水驱开发后的油藏

水驱开发后的油藏其主要问题是含油饱和度低(稠油油藏则可能很高)。无论选用哪种开采方法,都必须使用一种昂贵的流体来驱替大量可流动的水,同时将残余油集中起来。例如在胶束驱油过程中(适合于轻质原油),开始产油之前必须注入超过 0.2 倍孔隙体积的胶束。相比之下,空气则是较为经济的流体。同时,燃烧前缘对残余油的驱替作用亦很有效。因此,水驱开发后的油藏也适合选择火烧油层开采方法。

3. 适用于开发底水油藏

对于含有厚底水的油藏,几乎没有其他的方法可以顺利开采,但是可以选用火烧油层。注入的空气对水来说是非湿相,这有利于在油水界面以下产生一个未饱和带。注入的空气将通过这个未饱和带窜进,但其余的底水不会引起空气窜进。注意,如果氧气到达某一生产井,会在生产井周围产生一个"静止"的自发性燃烧面,必然导致其增产,同时也会产生高温问题,包括腐蚀。开始时,很大的一部分注入空气将通过未饱和带,但是随着燃烧前缘通过油区的推进,通过油区的空气量将会逐渐增大。Saskatchewan 的 Eyehill 火烧油层项目就是一个成功的例子,其他的实例有 Alberta 的 Caddo Pine Island 项目和 Suffield 项目。

毫无疑问,当存在水区甚至在水驱情况下,注蒸汽是有问题的,而火烧油层却是一种有吸引力的开采方法。水区的厚度、水平和垂直渗透率是关键性因素,对火烧油层也如此，只不过其敏感性低多了。

4. 适用于开发沥青砂和稠油油藏

委内瑞拉在几个油田中的实践表明，尽管火烧油层技术尚存在某些缺点，但在开采沥青砂和稠油油藏方面仍然具有很大的潜力，其优点是热效率高，对环境影响小，与蒸汽吞吐相比消耗燃料较少。

5. 适用于蒸汽驱开发后的油藏

事实上，对于蒸汽驱过后的地层而言，火烧油层也可能是一种可行的方法。这已经在几个项目中证实是成功的，值得注意的有 Charco Redondo 项目和 Merguerite 湖项目。在 Charco Redondo 项目中，低的蒸汽驱残余油饱和度(10%孔隙体积)也是借以维持连续燃烧的燃料来源。

6. 适用于需要高温的油藏

需要高温开采的油藏是火烧油层的重要应用场所。正如人们所了解的那样，蒸汽温度仅限于350℃左右。然而，火烧油层的燃烧带温度则可以高达537～648℃。实际上我们对燃烧的温度有相当规模的控制。油页岩的加工就是这样一种应用。油页岩的地下蒸馏或采油，或通过油页岩、焦油砂岩的裂缝进行火烧是开采非常规烃类矿源的唯一办法。地下煤的气化也是类似的另一种应用，在此种情况下，高温地下燃烧也是唯一方法。

对于地层温度高于70～80℃的深层油藏，火烧油层的应用要容易得多。通常将空气注入油层就可以自燃点火，且过程控制亦不困难。因为空气将形成有活力的燃烧前缘，可驱替任一层位的可动油。

不适宜选用火烧油层方法的油藏有裂缝性油藏、断层和含有夹层的油藏，以及含有高挥发或高黏度原油的浅层油藏。

二、适宜于火烧油层的油层厚度

油层厚度影响到火烧油层方案的成败。一般来说，在薄油层中应用火烧油层成功的可能性较大。一般认为油层厚度以 3.0～15m 为宜。

对于稠油油藏，当油层厚度小于9m 时，由于热损失很大，致使注蒸汽的效果不好。由于火烧油层的燃烧是在油层内进行、且热源是移动的，故适宜于薄油层、大井距。在此种情况下，燃烧前缘(更为确切地说是燃烧带)形成一个薄环，通过随注气过程所注入的水可使燃烧前缘后面的地层中的大量热量获得利用，并且，依靠连续的供氧燃烧前缘继续维持向前推进。然而，在注蒸汽时蒸汽前缘推进要求其后面有一个蒸汽带，此时必然伴随有大量的热量损失到邻近地层。一般认为薄层大井距宜选用火烧油层，而注蒸汽只限于(大多数情况下)厚层、小井距。

薄油层虽然也同样存在有向其顶部超覆的倾向，但是由于薄油层热量会很快传递到油层底部，并足以使原油的黏度降低，这可以使燃烧前缘的推进(薄油层)比在厚油层中快。传给超覆燃烧前缘下方某一点的热量，受热流所通过距离大小的影响。仅仅依靠热传导作用要使温度升高到一定程度所需的时间，与热源距离的平方成正比。因此，厚度小于 4.57m 燃烧前缘均匀推进，而厚度大于 12.19m 的油层则往往有可能产生窜槽型燃烧。至于厚度处于 4.57～12.19m 之间的油层将会出现何种类型的燃烧推进方式，需要做小型试验来确定。

三、适宜于火烧油层的油层深度

从已经实施的方案来看，火烧油层对油层深度似乎没有严格的限制。但是，若油层太浅时，其封闭性一般较差，注气压力易高于油层破裂压力，造成空气向上窜流，从而影响火烧油层效果。井深以后，则必然增加作业成本。目前火烧油层采油方案曾在 35 ~ 3581m 的深度范围内取得过成功的试验。一般认为，油藏的埋藏深度在 100 ~ 1500m 时适合于采用火烧油层技术。

在埋藏较浅的稀油油藏中应用火烧油层时，主要考虑的是要有足够的燃料以维持燃烧。在此类油藏中，其最高温度为 200 ~ 300℃。如果温度峰值为 550 ~ 600℃ 则表明是由于原油重新饱和燃烧所致。

如果其他条件对燃烧也适宜，那么火烧油层更适合于含有轻质或中等重质原油的深层油藏（这不是指相对深、极端轻质油油藏的情况）。埋深大于 1524m（5000ft）的深层油藏，一般有相对低的渗透率、高的地层温度，以及由此而出现的高地层油流度，所有这些条件均适合选用火烧油层采油方式。

四、适宜于火烧油层的其他物性

油层的孔隙度、渗透率、均质性、原油饱和度，以及原油密度和黏度等对火烧油层有着十分重要的影响。下面我们将简要讨论什么样的油层物性和原油物性有利于火烧油层，供选井和选层编制火烧油层规划时参考。

1. 油层具有适当的孔隙度和均质性

在高重度油藏中，火烧油层成功的因素是油层具有较高的孔隙度，含低挥发性原油，且为纯砂岩。一般来说，油层孔隙度需大于 20%。委内瑞拉的实践经验表明，非均质砂岩会导致燃烧前缘选择性地向前移动，因而降低了火烧油层的面积驱油效率。

2. 油层应具有高渗透率和高原油饱和度

在美国南得克萨斯的火烧油层试验表明，火烧油层方案成功的原因是油层的原始含油饱和度、渗透率比较高，在这样的油层中进行火烧油层采油时，需要的空气量和燃料亦相对较低。美国矿业局（USBM）从过去的失败中认识到，点火井附近缺乏足够的燃料是导致方案失败的主要原因。因此，提出了在每次试验点火期间，提高空气注入速度和温度，可以使点火井井底附近所需的含油饱和度降低。含油饱和度大于 30% 即可维持燃烧。对于稠油油藏，油层渗透率应大一些。对于稀油油藏，油层渗透率可适当低一些，一般应大于 $0.025\mu m^2$。

3. 原油物理性质

如上所述，原油的物理性质对火烧油层有着十分重要的影响，这在过去的室内研究和现场试验中已经得到了证实。显然，在轻质油藏中实施火烧油层方案，比在稠油油藏中实施火烧油层方案成功的可能性更大。一般来说，原油应含有足够的重质成分，且氧化性好，油层条件下密度为 $0.802 ~ 1.00g/cm^3$，黏度为 2 ~ 1000mPa·s 的原油适合于选用火烧油层开采。

五、井网形式适应性

由于火烧油层注入流体的流度比原油流度高，所以它的注入能力与生产能力的比例也高，这就使得油层的生产井效与注入井数的比例也高，很多火烧油层方案的井网布置一般都不违背这个规律。除了注入能力与生产能力的比例因素外，在选择井网时也应该考虑以下因素：油层的非均质性、油层倾角、现有井的利用、重力分离等。一般火烧油层所采用的井网有五点、七点、九点、行列及不规则井网等，边缘和端区布井是火烧油层井网的补充方法。对于高度非均质油层，不宜采用行列井网，也不应机械地选择正规井网，而应依据油层的非均质程度选用不规则井网，以适应油层渗透性。

　　火烧油层蒸汽吞吐工艺(ISC)可采用不同类型的驱动井网，既可以使用面积井网部署，也可使用行列井网(见图3-1)。第一个井网系统可用作相连井网或单独井网，井网部署沿构造向上或沿构造向下延伸。迄今为止，现场对所有这些井网部署都进行了尝试，但大部分应用都使用相连井网和边缘行列井网布置。

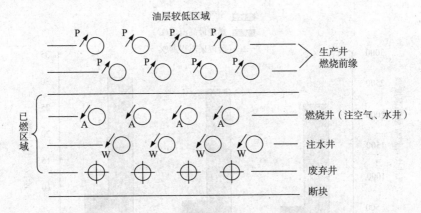

图3-1　错排直线(行列)驱火烧油层

　　行列驱应从储层的上部开始。基于这一原因，先导试验部署在构造高部位就极为重要。这样，试验完成以后，发展商业化阶段就有两个选择，即使用行列驱或井网(面积)驱。

　　对具体油藏，合理的井网要根据油藏特点及目前的工艺技术水平综合确定。当确定井距时，可能出现以下问题：若井距太近，燃烧前缘可能会过早突破；而井距过大，则产油速度太低，会延长项目期，并失去经济效益。因此，井距要有一个最佳范围。

　　合理的井距除采用数值模拟法进行多方案对比优选外，还可以采用解析计算法确定，小井网、小井距的井间干扰大，且容易形成薄层单方向火窜，从而影响火烧油层效果。由于火烧油层的热源是移动的，它和蒸汽驱、化学驱及混相驱不同，其驱动效果直接受到井距的影响。因此，只要压缩设备能力允许，采用适当的稀井网是有利的，一般认为，火烧油层井距以200m左右较为适宜。例如，美国史洛斯(Sloss)油田反五点法先导试验的注采井距为283m，10个火烧油层工业开发井网的井距为400m；委内瑞拉Mega油田采用不规则火烧油层井网，注采井距为400m、600m、800m不等。对先导试验区，为了尽早得出火烧油层成果和经验，采用适当的小井距也是有利的。

　　采用数值模拟方法探讨不同井网类型对火烧油层效果的影响，不同类型井网的开发指标见表3-2，不同类型井网的采油效果如图3-2所示。

表 3-2　不同类型井网的开发指标对比

井网	开采时间/年	前缘推进速度/(cm/d)	阶段累采油/10^8t	阶段采出程度/%	注气量/10^4Nm³	空气油比/(m³/t)	燃烧最高温度/℃
反九点	2.5	10.1	13.04	28.82	4490	344.3	509.09
反七点	2.0	11.6	9.14	20.20	3738	409.0	554.22
反五点	1.8	11.8	8.83	19.52	3323	376.3	610.6

从表中可以看出，在相同的注气量条件下，井网的生产井数越少，由于单井控制面积减少，相同体积油层氧气浓度增加，原油的高温氧化反应程度比较充分，释放的热量较多，所以燃烧前缘温度有所上升。

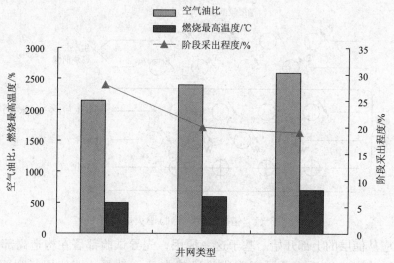

图 3-2　不同类型井网的采油效果对比

火井位置的合理选择对于火烧油层效果有重大影响，构造形态和倾角是影响火烧井位选择的重要因素。注入空气和燃烧前缘朝上倾井运移的速度将比朝低部位的井要快。一般来说，对于倾角大的油藏，火井应布置在构造高处(顶部)，从上往下燃烧，这样有利于充分利用重力驱油的作用；对构造较平缓的油藏，火井应布置在低处，从下往上燃烧，这样布置对缓和火线超覆现象有利。总的要求是：火井应布置在厚(油层较生产井厚)、大(渗透率高)、通(与生产井的连通性好)、封(油层封闭性好)处。现场试验也证明，这样做都取得了较好的火烧油层效果。

Turta 在 1995 年建议将火烧先导试验置于构造的最高部位，这个建议的理由是：位于油藏最高部位的先导试验的燃烧体积能够精确地确定，并且能更可靠地估算出空气油比和火烧增油量。将先导试验置于上倾部位还可避免压缩机出现故障时已燃带的重新饱和。

井网选择的基本原则：

(1)有效地控制和动用绝大多数的油层和储量；

(2)在火烧油层开采条件下，保证有较高的波及系数；

(3)能够满足一定的采油速度和稳产年限的要求；

(4)要有较好的经济效益。

第二节　燃烧前缘计算方法

在油层燃烧过程中，需要随时掌握火线位置，根据火线的径向距离调节不同阶段的注气强度和采取相应的控制措施，使燃烧带均匀稳定地推进，以实现火驱的最佳效果。油层燃烧后，不但油气运移发生了变化，油层本身及其中流体性质也发生了一系列复杂变化。这些物理和化学性质的变化又不是一成不变的，而是受客观因素(油层差异、流体物性等)和主观因素(注气量、控制措施等)的影响。因此，在油层燃烧过程中，需根据油层静态和动态资料，随时观察和分析其各种变化，根据它们的变化趋势及时采取解决问题的措施，以维持油层均匀稳定燃烧，达到火驱最佳技术经济效果。

一、火线前缘测试法

1. 直接测试方法

(1)用测温元件直接观测火线推进情况。在试验区观察井、生产井内采用热电偶(阻)和高温计定期测试油层温度剖面，根据温度变化判断火线位置，优点是简便、易行、及时。受经济因素限制，测温井布置不能过多。

(2)红外线照相法。利用油层燃烧时产生的热以"电磁能"穿过覆盖岩层放射到地表被胶片感光的原理，采用 $8 \sim 14 \mu m$ 波长的红外照相设备在火烧试验区内移动地测得火线位置。这种方法可获得连续测点的温度图，是一种可获得油层燃烧过程中温度差异的理想方法。但它受到上覆盖岩层导热性差的影响，深度越深，影响越大。红外照相法确定火线只适用于 100m 以内的浅层。

(3)地球物理电测法。根据地层在燃烧前和燃烧后，它们对地球物理测量的反应结果有差别的原理来确定火线位置。其方法有两种：电极法(也称电阻探测法)和井筒供电法。

2. 试井解释分析方法

根据火烧油层各区流体差异将油藏简化为复合模式。在油层燃烧过程中，注入空气逐渐向外扩展，根据油藏温度的分布特点，可以将油藏进一步简化成二区复合模式：内区称为波及区，相当于火烧油层的燃烧带，波及区的温度较高；外区为未燃区，外区内的温度基本处于初始状态。

二区复合油藏的关井压力动态在半对数坐标上由 4 个阶段组成：早期井筒储集段、内区拟径向流直线段、过渡期和油藏外区拟径向流直线段，由 2 条直线的交点所对应的时间可以确定火线的位置。4 个阶段中压力的变化特征是求得油藏特性参数和预测油井动态的基础。

已燃区中压力动态在半对数坐标中表现为直线段，由直线段的斜率可以计算出已燃区的 Kh 值和表皮系数 S。

$$Kh = \frac{2.121 q_g \mu_g B_g}{m_1} \tag{3-1}$$

$$S = 1.151 \left[\frac{p_w(0) - p_{1h}}{m_1} - \lg \frac{K}{\phi \mu_g c_t r_w^2} + 2.0973 \right] \tag{3-2}$$

式中　μ_g——波及区注入热流体黏度，$mPa \cdot s$；

　　　q_g——注气量，m^3/d；

　　　B_g——波及区中热流体体积系数；

　　　m_1——波及区拟径向流半对数直线段的斜率，MPa/对数周期；

　　　p_{1h}——半对数直线段 L 对应时间为 1h 的压力，MPa。

当已燃区和未燃区流度差别很大时，直线段后为一较长的过渡期。在过渡期内，压力随时间线性下降，即在直角坐标系内为直线段，波及区的体积由下式计算：

$$V_1 = \frac{q_g B_g}{24 c_t m_3 \phi} \tag{3-3}$$

式中　m_3——过渡期直角坐标系中直线段的斜率，MPa/对数周期；

　　　c_t——已燃区综合压缩系数，1/MPa；

　　　V_1——已燃区体积，m^3。

某稠油油藏油层厚度30m，孔隙度32%，平均注气速度 $2050 \times 10^4 m^3/d$，注入气体的体积系数为 3×10^{-3}，注入气体地下黏度为 $0.0158 mPa \cdot s$，已燃区总压缩系数为 $0.8921 MPa^{-1}$，一定时间后进行压降试井，由半对数压力降落曲线图可求得第一半对数直线段的斜率为 $m_1 = 0.11 MPa$/对数周期，然后计算地层系数：

$$Kh = \frac{2.121 \times 2.05 \times 10^7 \times 0.0158 \times 3 \times 10^{-3}}{0.11} = 18736 \times 10^{-3} (\mu m^2 \cdot m) \tag{3-4}$$

$$K = \frac{18736 \times 10^{-3}}{30} = 624.5 \times 10^{-3} (\mu m^2) \tag{3-5}$$

由直角坐标系下的压力降落曲线图取得 $p_{1h} = 805 MPa$，井径 $r_w = 0.162 m$，计算表皮系数：

$$S = 1.151 \times \left(\frac{8.68 - 8.05}{0.11} - \lg \frac{624.5}{0.32 \times 0.0158 \times 0.8921 \times 0.162^2} + 2.0973 \right) = 1.263 \tag{3-6}$$

在图中求得 $m_3 = 0.172 MPa/h$，计算已燃区体积：

$$V_1 = \frac{2.05 \times 10^7 \times 3 \times 10^{-3}}{24 \times 0.8921 \times 0.172 \times 0.32} = 52188 (m^3) \tag{3-7}$$

已燃区半径为：

$$r_1 = \sqrt{\frac{V_1}{\pi h}} = \sqrt{\frac{52188}{3.14159 \times 30}} = 23.53 (m) \tag{3-8}$$

3. 物质平衡动态分析法

由于油层厚度和井网不规则性，燃烧过程中燃烧前缘的径向距离也不同，注入井 1 周围存在 5 口油井，如图 3-3 所示。

根据物质平衡关系，某一油井方向的燃烧前缘为：

$$r_1 = \sqrt{\frac{6 Q_g B_g Y}{\alpha (h_g + 2h) \varepsilon A_s \phi}} \tag{3-9}$$

式中　Q_g——注气井总注气量，m^3；

　　　Y——注氧利用率；

α——单井方向分配角，（°）；

A_s——单位油层体积的燃烧率；

h_g——注气井油层厚度，m；

h——生产井油层厚度，m；

ε——垂向燃烧率，通常取 0.7。

综上所述，采用物质平衡法与油井综合动态分析法两者综合确定火线位置是目前火驱中行之有效的方法。

4. 物质平衡法

物质平衡法的计算原理如图 3-4 所示，由于油层的不均匀性，油层燃烧过程中火线的径向距离各异，因此需按某一油井方向的动态资料分别计算。

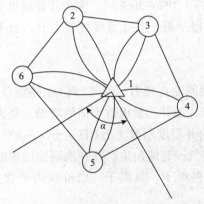
图 3-3 注采井间分配角示意图

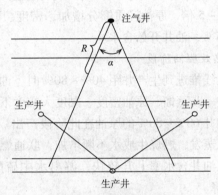
图 3-4 火线计算示意图

按燃烧反应的物质平衡关系推导，某一油井方向的火线位置方程为：

$$R = \sqrt{\frac{360Q_{分}Y}{\pi\alpha HA_s}} \qquad (3-10)$$

式中 R——火线位置，m；

$Q_{分}$——各油井方向的分配气量，m^3；

Y——各油井方向的氧利用率，小数；

α——各油井方向的分配角，（°）；

H——各方向油层平均厚度；

A_s——燃烧单位体积油层的空气耗量，m^3/m^3。

H 值可用下式确定：

$$H = \left(\frac{1}{3}h_g + \frac{2}{3}h\right)\rho \qquad (3-11)$$

式中 h_g——注气井油层有效厚度，m；

h——生产井油层有效厚度，m；

ρ——垂直燃烧率，小数（按现场资料取 0.7）。

燃烧率 A_s 值由物模实验提供。只要各项参数准确，本方法计算结果是可行的，误差在 ±5% 左右。

二、火驱前缘综合动态特征

在油层燃烧过程中，利用动态分析判断火线位置。火线在不同位置时，根据生产井的井底温度，油、气、水的产量及其性质的变化规律确定火线的位置。根据现场实际正常见火井的规律分为 5 个阶段。

1. 燃烧初期

油层燃烧面积小，油井尚未受到热效的影响，产量、井底温度无变化，唯有油层压力随着注气量的增加而上升，产出气中 CO_2 含量保持在 10% 以上，说明油层已建立了稳定燃烧带（火线），并向四周生产推进。

2. 油井见效阶段

随着燃烧面积不断扩大，当火线到达生产井距 20%～50% 时，生产井普遍见效，产油量增加 2～5 倍，原油轻质馏分增加，密度、黏度下降，井底温度缓慢上升，日平均上升 0.1～0.5℃，油井开始含水。

3. 热效驱油阶段

当火线推进到生产井距 40%～80% 时，油层原油在热力、油气（汽）水的综合驱动下，轻质油进一步蒸馏，原油密度、黏度大幅度下降，油井产量成数十倍地增加，是火驱的高产期，油井 60%～80% 的原油在此阶段产出。油井温度明显上升（日上升 2～3℃），油层中束缚水蒸发，燃烧生成水不断增加，联通燃烧气一起流向生产井并洗刷油层中的矿物成分，因此油井含水率上升较快，游离水中硫酸根离子、氯离子、二价铁离子含量增加，pH 值下降。

4. 油井高温生产期

火线距生产井较近时，原油在高温裂解和氧化作用下，轻质馏分的原油大部分被采出，此时原油物性回升，原油颜色由黑色变成咖啡色，井底温度达 100℃ 以上（日上升 3～5℃），油井含水率 70%～80%，产出气携带大量蒸汽，由于燃烧水被大量产出，氯离子、硫酸根离子含量下降，pH 值、二价铁离子含量上升。当井底温度上升到 180～270℃ 时，产量迅速下降，原油在高温作用下变为稀沥青，产出的游离水呈茶色，气体为淡蓝色的烟道气，CO_2 含量为 14%～15%，O_2 含量为 0.2%～0.5%。

5. 油井见火阶段

当火线到达生产井井底时，最高井底温度在 420℃ 以上，沥青受高温作用，进一步焦化成黑色、发亮、多孔状坚硬的焦块，产出气体具有浓焦味，油井产液量降为零。

根据油层燃烧过程油井变化特征的动态参数指标，可以粗略地分析、确定火线的位置。同时，根据油层燃烧动态参数可调节控制注气量和采取各种合理的措施。例如，当生产井井底温度达 80℃ 时可定期循环冷水，或温度达 100℃ 时向油层挤冷水措施，来延长油井热效生产期；当火烧到生产井距 50%～70% 时，采用停风注水利用油层余热驱油的措施；当火线达到生产井距 70%～80% 时关井，以防止油井高温腐蚀，实现连片燃烧的目的。

第三节　注气参数计算方法

一、火烧油层注采参数设计

1. 燃料的质量浓度与原油燃点

由于一般火烧油层中燃烧的燃料不是油层中的原油，而是原油蒸馏和热裂解后沉积在岩石上的富碳焦，因此燃料的质量浓度是影响火烧油层成功与否的最重要因素。

油层燃料的质量浓度和原油燃点可通过室内燃烧实验获得，单位体积油层燃料质量一般为 $25.25 \sim 36.877 kg/m^3$，根据实验资料，油层中原油的燃烧温度在 $150 \sim 400℃$ 范围内。

根据矿场试验结果得到以下计算燃料质量浓度的回归方程：

$$m_R = -1.9222 + 0.137695h + 1.85029K + 35.72S_o$$
$$+ 0.012887\frac{Kh}{\mu_o} - 9.93 \times 10^{-3}D - 1.0444\mu_o \qquad (3-12)$$

式中　m_R——燃料的质量浓度，kg/m^3；

　　　S_o——含油饱和度；

　　　K——油层渗透率，μm^2；

　　　h——油层厚度，m；

　　　μ_o——原油黏度，$Pa \cdot s$；

　　　D——油层深度，m。

2. 空气需用量

燃烧一定的油层所需空气取决于单位燃料含量、氧气利用率和体积波及系数。高温氧化反应过程的化学方程式为：

$$CH_x + \left[\frac{\beta+2}{2(\beta+1)} + \frac{X}{4}\right]O_2 \longrightarrow \frac{1}{\beta+1}CO_2 + \frac{\beta}{\beta+1}CO + \frac{X}{2}H_2O \qquad (3-13)$$

根据化学反应方程式(3-13)可以获得燃尽单位体积油层所需的空气量 V_R 为：

$$V_R = \frac{112.5m_R}{Y(12+X)}\left[\frac{\beta+2}{2(\beta+1)} + \frac{X}{4}\right] \qquad (3-14)$$

$$\beta = \frac{X_{CO}}{X_{CO_2}} \qquad (3-15)$$

$$X = \frac{1.06 - 3.06X_{CO} - 5.06(X_{CO_2} + X_{CO})}{X_{CO_2} + X_{CO}} \qquad (3-16)$$

$$Y = 1 - \frac{0.79X_{O_2}}{0.21(1 - X_{CO_2} - X_{CO} - X_{O_2})} \qquad (3-17)$$

式中　V_R——空气需用量，m^3/m^3；

　　　X——视氢碳原子比；

　　　X_{CO}——CO 摩尔分数；

　　　X_{CO_2}——CO_2 摩尔分数；

X_{O_2}——O_2 摩尔分数;

Y——氧气利用率。

Chu 提出可以采用下述回归方程计算算空气需用量:

$$V_R = 108.356 + 2.75367h + 229.477S_o + 16.073K \qquad (3-18)$$

式中　S_o——含油饱和度;

　　　K——油层渗透率, μm^2;

　　　h——油层厚度, m。

对于一定注采井网所需空气的总量为:

$$V_{ta} = 2a^2 h E_V V_R \qquad (3-19)$$

式中　V_{ta}——所需空气的总量, m^3;

　　　a——注采井距, m;

　　　E_V——体积波及系数, 对于五点井网, $E_V = 0.626$。

3. 空气注入速度

注入空气的速率取决于所设计的燃烧前缘移动速度, 燃烧前缘移动越快, 井网内油层燃烧也越快, 原油产出也越快, 因此从缩短投资回收期的角度考虑, 应尽可能选择较大的燃烧前缘移动速度。在实际操作运行过程中, 燃烧前缘移动速度存在一定范围, 上限取决于油井举升和地面处理能力, 下限取决于维持油层燃烧所需空气量。矿场和室内试验表明, 对于厚度为 6.1 ~ 9.1m 的油层, 燃烧前缘移动速度范围为 3.8 ~ 15.2cm/d。

燃烧前缘移动速度所对应的空气流量为:

$$u = v V_R \qquad (3-20)$$

式中　u——对应的空气流量, cm/d;

　　　v——燃烧前缘移动速度, cm/d。

决定空气注入速度的另一因素是燃烧前缘突破生产井时的面积波及效率 E_a, E_a 与无因次注气速率 i_{aD} 有关:

$$i_{aD} = \frac{i_{amax}}{u_{min} a h} \qquad (3-21)$$

式中　i_{amax}——井网最大空气注入速率, m^3/d;

　　　u_{min}——维持燃烧的最小空气流量, $m^3/(m^3 \cdot d)$;

　　　a——五点井网注采井间的距离, m;

　　　h——油层厚度, m。

在实际设计计算时, 通过选择能够获得较大面积波及系数 E_a 时的 i_{aD} 值, 然后可计算出对应一定燃烧前缘移动速度的注气速率。

4. 注气压力

现场试注是获得空气注入压力的可靠方法, 在初期设计阶段, 可以采用计算方法。根据五点井网中稳定渗流方程得到的空气注入压力为:

$$p_{iw}^2 = p_{pw}^2 + \frac{0.03144 i_a \mu_a (T_R + 273.15)}{K_a h} \left(1n \frac{a^2}{r_w vt} - 1.238 \right) \qquad (3-22)$$

式中　p_{iw}——注入井井底压力, MPa;

　　　p_{pw}——生产井井底压力, MPa;

i_a——空气注入速率，m^3/h；

μ_a——注气黏度，$mPa \cdot s$；

T_R——油层温度，℃；

h——油层厚度，m；

K_a——空气的有效渗透率，$10^{-3} \mu m^3$（当缺少测试资料时，可取绝对渗透率的5%）；

a——注采井距，m；

r_w——油井半径，m；

v——燃烧前缘推进速度，m/h；

t——达到最大空气注入速率的时间，d。

二、注采参数优化

对于每个具体的稠油油藏，在开发系统已选定的条件下，采用火烧油层开采，注采参数设计极为重要，它直接关系到火烧油层效果的好坏及其成败。注采参数确定可参考国内外同类型油田的经验界限值，应用数值模拟进行优化设计。

火烧油层注采参数优化设计内容包括：①点火方式及时间；②注气速度与注气压力；③生产井排液速度与采注比等。

注气速度直接影响燃烧前缘推进速度，同时也是地层内能否维持燃烧的重要因素。注气速度偏低，不足以维持油层稳定燃烧，甚至出现灭火；而注气速度偏高，氧气利用率偏低，经济效益变差。因此，空气注入速度的选择对火烧油层来说是非常关键的。

火烧油层时注入速度取决于燃烧前缘推进所希望的速度，燃烧前缘推进越快，井网燃烧越快，原油产出也越快。为了获得最大的产油速度和最快的设备回收率，最好以尽可能高的燃烧前缘推进速度运行。但在实际操作中，燃烧前缘推进速度有一个允许范围，其上限是生产井举升和处理采出物的能力，其下限是能维持燃烧。

利用室内实验结果进行空气注入速度的计算。实验室得到的燃料消耗量，考虑到实验室燃烧管内的孔隙度如与现场油藏孔隙度 ϕ_R 不一致，每立方米油藏容积燃料消耗量应采用下式加以校正：

$$m_R = \frac{1 - \phi_P}{1 - \phi_R} m_P \tag{3-23}$$

式中　m_P——由实验室测量得到的燃料消耗量；

ϕ_R——油藏孔隙度，小数；

ϕ_P——实验室模型内孔隙度，小数。

求得 m_R 后，采用下式计算空气消耗量：

$$V_R = \frac{112.5 m_R}{12 + X}(1 - 0.5 m' + 0.25 X) \frac{Nm^3（空气）}{m^3（油层）} \tag{3-24}$$

式中　V_R——燃尽 $1 m^3$ 油层的空气消耗量，Nm^3/m^3；

X——视氢碳原子比，根据实验室数据取值；

m'——燃烧产物中 CO 与（CO + CO_2）的摩尔百分比，根据实验室数据取值。

根据下式计算井组火驱开发需注空气总量：

$$V_{Ta} = E_a E_v h F V_R \tag{3-25}$$

式中　V_{Ta}——注入空气总量，m^3；
　　　E_a——空气面积波及系数，小数；
　　　E_v——空气垂向波及系数，小数；
　　　h——油层厚度，m；
　　　F——井组面积，m^2。

若火烧前缘推进均匀，没有发生单方向气窜，取空气面积波及系数为65%，垂向波及系数为85%。前缘推进速度一般为 3.8～15.2cm/d，低于 3.8cm/d 则容易灭火，高于15.2cm/d 则热量损失过大，氧气利用率低。根据井距可以计算前缘到达时间，在此时间内的空气总量就可以计算出来，这样就能够求得空气注入速度。

火烧油层生产井排液速度与采注比的设计是否合适，直接影响火烧油层在地层中的燃烧和驱油状态的好坏，不合适将导致气窜的发生。

第四节　生产动态分析

本节主要讨论火烧油层矿场试验过程中燃烧动态指标的计算和评价，以及动态分析可以解决的问题，以便工程师依据相关资料，对火烧油层动态定期进行分析，从分析中发现问题，并及时采取调控措施，使油层燃烧得更好、更合理，从而获得更好的经济效益。

一、燃烧动态指标计算方法与评价

根据日常取得的注入气量、产出气量和产气中 CO_2、CO、O_2 含量分析资料，以及火烧油层物模试验所得的燃烧率（A_s）等参数，结合油层的静态数据，可按下列方法来计算和评价各项燃烧动态指标（计算以注空气为例）。

1. 氧利用率（Y）

$$Y = 1 - \frac{79c(O_2)}{21c(N_2)} \qquad (3-26)$$

式中　Y——氧利用率，小数；
　$c(O_2)$——燃烧气中的含氧量，%；
　$c(N_2)$——燃烧气中的含氮量，%。

$$c(N_2) = 100 - \left[c(CO_2) + c(CO) + c(O_2) \right] \qquad (3-27)$$

Y 值越大越好，燃烧好时 Y 值应大于 0.85。

2. 燃烧总耗量（W_f）

$$W_f = W_C + W_H \qquad (3-28)$$

式中　W_f——燃烧总耗量，kg；
　　　W_C——烧掉的碳量，kg；
　　　W_H——烧掉的氢量，kg。

$$W_C = \frac{12}{22.4} \Sigma Q_g \left[\bar{c}(CO_2) + \bar{c}(CO) \right] \qquad (3-29)$$

$$W_H = 2 \Sigma Q_g \left\{ \frac{21}{79} c(N_2) - \left[\bar{c}(O_2) + \bar{c}(CO_2) + \frac{1}{2}\bar{c}(CO) \right] \right\} \times \frac{2}{22.4} \qquad (3-30)$$

式中 $\sum Q_g$——累积产出气量，m^3；

$\bar{c}(CO_2)$——产气中 CO_2 的加权平均含量，小数；

$\bar{c}(CO)$——产气中 CO 的加权平均含量，小数；

$\bar{c}(O_2)$——产气中 O_2 的加权平均含量，小数；

$\dfrac{21}{79}c(N_2)$——注入空气中 N_2 的含量，用式(3−27)计算，小数。

W_f 值越低越好，一般应该不超过原始储量的 15%，但是若低于储量的 10% 有可能难以维持燃烧。

3. 燃烧热量(H_o)

$$H_o = W_f C_C \tag{3-31}$$

式中 H_o——油层燃烧产生的总热量，kJ；

C_C——焦炭的发热值，kJ/kg；

W_f——燃烧总耗量，用式(3−28)的值，kg。

4. 燃烧生成水量(W_{H_2O})

$$W_{H_2O} = 2\sum Q_g\left\{\frac{21}{79}c(N_2) - \left[\bar{c}(O_2) + \bar{c}(CO_2) + \frac{1}{2}\bar{c}(CO)\right]\right\} \times \frac{18}{22.4} \tag{3-32}$$

油层燃烧过程生成的水量(W_{H_2O})为燃料总耗量(W_f)的 1.5 ~ 2 倍。显然，燃料耗量多时，生成水量也多，耗气量也会越多，燃烧就越不合理。实际生产中产出的水量往往高于计算值，这是由于在燃烧过程中油层的原生水(束缚水)也被蒸馏驱出的缘故。

5. 空气燃料比(AFR)

$$AFR = \frac{\sum Q_a}{W_f} \tag{3-33}$$

式中 AFR——空气燃料比，m^3/kg；

W_f——燃料总耗量，用式(3−28)计算，kg；

$\sum Q_a$——累计空气注入量，m^3。

在正常燃烧时，AFR 值在 15 ~ 25m^3/kg 之间。油层燃烧不好时，这个值会变大。

6. 燃烧体积(V)

$$V = AH \tag{3-34}$$

式中 V——已燃烧油砂体积，m^3；

H——油层燃烧厚度，m；

A——燃烧面积，m^2。

燃烧面积 A 依下列方法确定：

$$A = \frac{h_o H}{4K\Delta T}\left[e^{x^2}\text{exfc}(x) + \frac{2x}{\sqrt{\pi}} - 1\right] \tag{3-35}$$

式中 h_o——油层燃烧发热功率，kJ/m。

$$h_o = \frac{H_o}{t} \tag{3-36}$$

式中 H_o——同式(3−31)；

t——累积燃烧时间，h；

　　　　K——油层的导热系数，kJ/(m·h·℃)

　　　　ΔT——火线温度与油层原始温度之差，℃；

$$x = \frac{2K}{MH\sqrt{\alpha}}\sqrt{t} \qquad (3-37)$$

式中　M——油层热容量，kJ/(m³·℃)；

　　　　α——油层的热扩散系数，m²/h；

　　其他符号同前。

　　求得 x 值后，可用查表或用下列方程近似计算 $\left[e^{x^2}\mathrm{exfc}(x) + \dfrac{2x}{\sqrt{\pi}} - 1 \right]$ 值。

　　当 $0 \leqslant x < 0.5$ 时：

$$\left[e^{x^2}\mathrm{exfc}(x) + \frac{2x}{\sqrt{\pi}} - 1 \right] = 0.6939 x^{1.8964} \qquad (3-38)$$

　　当 $0.5 \leqslant x < 0.5$ 时：

$$\left[e^{x^2}\mathrm{exfc}(x) + \frac{2x}{\sqrt{\pi}} - 1 \right] = 0.556 x^{1.627} \qquad (3-39)$$

　　当 $1.5 \leqslant x < \infty$ 时：

$$\left[e^{x^2}\mathrm{exfc}(x) + \frac{2x}{\sqrt{\pi}} - 1 \right] = 1.13 x - 1 + \frac{0.564}{x} \qquad (3-40)$$

　　用近似计算法的结果，当 $x < 2$ 时其误差为 2%，一般在 $x < 3$ 时可取计算法，否则可用查表法校准。

　　7. 燃烧利用量（Z）

$$Z = \frac{W_t}{V} \qquad (3-41)$$

式中　Z——燃烧利用量，kg/m³；

　　W_t、V——分别为式(3-28)、式(3-34)的值。

　　Z 值可以用火烧油层物理模拟试验数据平均值。一般说来，Z 值在 $20 \sim 40$kg/m³ 之间，Z 值越大，燃料耗量越多，耗风量及生成水量也越多，而火线温度也越高；但是，Z 值低于 10kg/m³ 时，燃烧量过低有可能不足以维持油层稳定燃烧。

　　8. 火线位置（R_f）

　　在油层燃烧过程中，由于油层的不均质性，火线推进的径向距离（R_f）也各异，因此需要按照各井方向的动态资料分别计算（见图3-5）。按物质平衡原理，各井方向的火线位置 R_f 方程：

$$R_f = \sqrt{\frac{360V}{\pi H \delta}} \qquad (3-42)$$

$$V = \frac{Q_a Y}{A_s} \qquad (3-43)$$

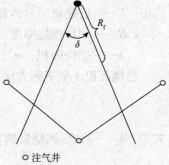

○ 注气井
● 生产井

图3-5　火线位置计算图

式中　R_f——火线位置，m；

　　　δ——各井方向的分配角度，(°)；

H——各井方向的油层燃烧厚度，m；

Q_a——各井方向分配的注入气量，m^3；

Y——各井方向的氧利用率，用式（3-26）求值，小数；

A_s——燃烧率（即燃烧单位体积油层的空气耗量），由物理模拟实验提供，m^3/m^3。

关于 H 值可用下式确定：

$$H = \left(\frac{1}{3}h_i + \frac{2}{3}h_p \right)\rho \tag{3-44}$$

式中 h_i——注气井的油层有效厚度，m；

h_p——生产井的油层有效厚度，m；

ρ——垂直燃烧率，由测温剖面求得，小数。

只要各项参数的确定是准确的，用本方法得到的计算结果是可行的，误差为 ±5%。

9. 燃烧速度（V_f）

$$V_f = \frac{R_f}{t} \tag{3-45}$$

式中 V_f——火线推进速度，m/d；

t——燃料累积时间，d；

R_f——火线位置，由式（3-42）求值，m。

火线推进速度 V_f 一般应该控制在 0.04 ~ 0.16m/d 之间，低于 0.04m/d 时燃烧有可能难于维持；高于 0.16m/d 时易发生火线不均匀突进现象。

10. 燃烧率（A_s）

（1）利用燃烧反应式推导得：

$$A_s = \frac{53.33\left(\frac{2m+1}{m+1} + \frac{n}{2} \right)z}{(12+n)Y} \tag{3-46}$$

式中 A_s——燃烧每立方米油砂的空气耗量，m^3/m^3；

m——碳体积比，小数；

$$m = \frac{c(CO_2)}{c(CO)} \tag{3-47}$$

n——碳氢原子比，小数；

$$n = \frac{c(C)}{c(H)} = \frac{106 + 2c(CO) - 5.06\left[c(CO_2) + c(CO) + c(O_2) \right]}{c(CO_2) + c(CO)} \tag{3-48}$$

其他符号同前。

（2）利用燃烧体积（V）、累积注入空气量（$\sum Q_a$）及氧利用率（Y）得到：

$$A_s = \frac{\sum Q_a Y}{V} \tag{3-49}$$

A_s 值是火烧油层中的重要指标，一般在物理模拟实验中均应取得这个数值，A_s 值在 250 ~ 500m^3/m^3 之间。当燃烧恶化和有气窜时，A_s 值就高，油层燃烧也不合理。

11. 通风强度（Φ_f）

$$\Phi_f = 53.33\left(\frac{2m+1}{m+1} + \frac{n}{2} \right)\frac{1}{12+n}\frac{ZV_f}{Y} \tag{3-50}$$

$$\Phi_f = \frac{V_f A_s}{24} \tag{3-51}$$

$$\Phi_f = \frac{ZQ_a}{At} \tag{3-52}$$

式中　Φ_f——通风强度，$m^3/(m^2 \cdot h)$；

V_f、A_s、A、Z——分别用式（3-45）、式（3-49）、式（3-35）、式（3-41）的值。

其他符号同前。

当油层正常燃烧时，通风强度应控制在 $0.6 \sim 2.0 m^3/(m^2 \cdot h)$ 之间。当 Φ_f 值低于 $0.6 m^3/(m^2 \cdot h)$ 时，应增大空气注入速度，否则容易灭火。在燃烧初期，Φ_f 值较大是为了使油层燃烧得旺一些，以便建立稳定的燃烧。但是，Φ_f 值过大时，将导致燃气中含氧高（氧利用率低），空气耗量多，而且还容易造成火线单方向突进，从而影响到火烧油层的效果。

12. 空气耗量（AOR）

$$AOR = \frac{A_s}{\Phi_f S_o \rho_o - \dfrac{Z}{1000}} \tag{3-53}$$

或

$$AOR = \frac{\sum Q_a}{\sum Q_o} \tag{3-54}$$

式中　AOR——生产每吨原油的空气耗量，m^3/t；

S_o——油层原始含油饱和度；

ρ_o——原油密度，t/m^3；

$\sum Q_o$——累积产油量，t。

AOR 值是衡量火驱经济效果的重要指标，一般在 $2000 \sim 4000 m^3/t$。该值越大，火驱成本越高，其经济极限视油价而定。

13. 火线温度（T）

$$T = T_o + \frac{A_s Y H_a (1-L)}{c_s \rho_s (1-\phi)} \tag{3-55}$$

式中　H_a——每立方米空气燃烧产生的热量，$3720 kJ/m^3$。

L——油层燃烧中向顶底盖层的热损失，取 0.2；

c_s——岩石平均比热容，$kJ/(kg \cdot ℃)$；

ρ_s——岩石密度，kg/m^3；

T_o——油层原始温度，℃；

ϕ——油层孔隙度，小数。

正常燃烧时，火线温度（T）应在 $350 \sim 550℃$，过低即发生低温氧化，燃烧变坏，过高则不经济。

14. 油层残余热量（H_r）

$$H_r = \sum H(1-L) - \left[T_w \left(\sum Q_o c_o \rho_o + \sum Q_w c_w \rho_w + \sum Q_g c_g \rho_g \right) \right] \times 10^{-3} \tag{3-56}$$

式中　H_r——油层残余热量，kJ；

$\sum H$——油层燃烧产生之总热量，kJ，由式(3-26)求得；

　T_w——油井井底温度，℃。

H_r 值是确定实施湿式燃烧及注水利用余热驱油时机和效果的重要依据。

15. 采收率(E_r)

$$E_r = \left(1 - \frac{Z}{62.4\phi S_o}\right)E_b + (1 - E_b)E_u \qquad (3-57)$$

式中　E_r——火驱采收率，小数；

　　　E_b——已燃烧区体积扫油效率，小数；

　　　E_u——未燃烧区采收率，小数。

其他符号同前。

根据南贝尔里奇(South Belridge)油田火烧油层现场资料和模拟数据，雷米(Ramey)等提出了在不同原始气体饱和度条件下，火烧油层采收率与已燃烧体积的关系曲线(见图3-6)。用该图也可预测火烧油层的采收率 E_r。

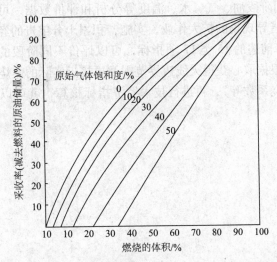

图3-6　预测的原油采收率与被燃烧体积的关系曲线

在油层燃烧过程中，应根据收集的动态资料，应用上述方法进行经常性的分析与评价，从中发现问题，及时采取调控措施，以获取较好的油层燃烧效果。需要指出的是，油层燃烧过程是错综复杂的，而且随时在发生变化，由于以上各项指标是相辅相成的，又是相互制约和互为因果的。因此，在分析它们时需从全局着眼，通盘考虑，不能单纯追求个别指标、某一口井或某一方向的得失。我们在这里只是提出了方法和原则，供应用时参考。

二、动态分析可以解决的问题

(1)通过井组各个方向的气体注采比、压力数据，可以了解各方向的连通性，气体有无外溢、窜漏，井组内有无断层存在等问题。

(2)根据各油井采出燃烧气的组分分析结果，可以判断各方向油层燃烧好坏，作为各井调整工作制度和决定某生产井应否进行疏通油层措施的依据。

（3）根据各井的油、水产量和油品、水质分析资料，可以预测油井是否将见热效及热效影响程度。同时可间接地预测富油带、凝析油带、热水带、火线到达的时间，用于决定是否需要"拉火线"，应否作为"移风接火井"，或应否及时采取关井等措施。

（4）根据各井气产量和组分资料，以及温度、油水产量规律，可计算各方向的火线距离、火线推进速度、通风强度，以决定是否增大注气量，或者当增大注气量后，某一方向是否应加以控制，以争取火线均匀、稳定推进。

（5）根据系统测温资料，获得火线温度，利用式（3-31）可以计算油层上下盖层的热损失 L，根据温度剖面资料，利用式（3-29）及式（3-30）可计算全井组或任一方向的实际燃烧体积 V，用于验证理论计算值。更重要的是通过实际燃烧体积、温度、热损失，可获得燃烧范围内的热量，为及时选择湿式燃烧或注水利用余热措施的合理时机提供依据。

（6）通过实际燃烧体积可获得实际燃料利用量 Z 和燃烧率 A_s 值，因此可以近似地预测采油量 $\left[Q_o = (\phi\rho_o S_o - Z \cdot 10^{-3})V \right]$。

（7）通过各井不同阶段油、气、水、温度等分析和评价数据，可以认识火烧油层过程的变化规律，从而为指导现场的扩大作业、实施，积累十分宝贵的经验。

（8）通过定期计算前述的 15 类 17 项指标，可以评价不同阶段的油层燃烧状况，待火烧油层全部结束后，根据取心获得火线边界范围及更接近实际的燃烧参数（包括燃烧体积、燃烧面积、纵横向燃烧系数等），再进行技术经济指标核算，就可以得到对火烧区的全面评价和鉴定结论。

第四章 火烧油层数值模拟

第一节 火烧油层采油数值模拟差分原理

在油藏应用中，通常只知道一些离散点的函数值。例如，在测试中，固定的时间间隔点所测得的压力和流量值，仅仅表示测量时刻的油藏性质。通常将有限差分网格迭加在被模拟的稠油油藏上，然后用选定的网格系统用来近似连续方程中的空间导数。这样，通过离散化就把连续性方程转化为有限差分方程，因而微分问题变成了代数问题，用离散问题来接近原来的连续问题，使在网格点处的解可以近似地看成是此类问题的真实解。图4-1是油藏模拟器开发过程中的离散化步骤示意图。

图4-1 油藏模拟器开发过程中离散化步骤示意图

离散化分为离散空间和离散时间两个步骤。离散空间就是把所研究的空间范围套在某种类型的网格上，将其划分为一定数量的单元。离散时间就是在所研究的时间范围内，把时间离散成一定数量的时间段，在每个时间段内，对问题求解以得到有关参数的新值，用离散化方法求解稠油油藏模型的主要步骤：

（1）将渗流区域剖分成网格，把网格按照一定顺序排列，用网格点上的压力或者饱和度来代替压力函数或者饱和度函数等。

（2）在网格点的基础上，从微分方程出发，建立每个网格结点的压力与其他网格结点的压力之间的关系式，一般不是线性形式，还要进行线性化。

（3）把每个网格节点上建立的方程合在一起，再利用定解条件，使之成为存在唯一解的方程组。

（4）求解方程组，得到各网格节点的未知压力和饱和度值等。

一、有限差分网格的建立

对计算区域划分为均匀网格，在油藏数值模拟中，会涉及两种类型的有限差分网格，即块中心网格和点中心网格。在块中心网格中，把已知维数的网格叠加在稠油油藏上，在直角坐标系中，网格点定义为这些网格块的中心。在点中心网格中，网格点在块边界定义之前就已经分布在油藏中。在直角坐标系中，块边界在两个相邻的压力点之间。由 10 块中心网格体积与每个代表性点的体积一样，所以在历史上，油藏模拟器都采用块中心有限差分方法，即采用内节点法划分均匀网格。

　　建立网格系统的目的是把油藏分为一系列网格块，并且能把代表性的岩石性质赋给网格块。因此，网格单元要足够小，才能描述油藏的非均质性，并且能够平均网格单元的性质足以代表油藏流体的流动特性。

　　如果要在模拟研究中更准确地近似所模拟问题的几何形态，稠油油藏模拟就必须综合地运用多种网格系统。应用特定的几何形态就需要运用相应的微分方程形式及其有限差分近似式。直角坐标体系是油藏数值模拟中应用最为广泛的网格几何形态，矩形网格能用于求解全油田规模、单个的井网和井间剖面的动态问题；柱坐标体系用于单井模拟研究；角点体系使用多边形网格，网格块是以给定的多边形的角来定义的，在油藏模拟中，主要应用于断块油藏，其次还有混合网格体系、垂向网格体系等。

二、时间差分

　　在油藏模拟中，问题的求解是从初始条件开始到将来时间逐渐推进模拟的过程，这里通过离散的时间步长来实现。对于时间差分，分为隐式和显示差分方法。而本文所研究的火烧油层采油方程所描述的是不稳定的渗流过程，所以方程中的各个变量都是随时间而变的。取简单的一维方程进程讨论

$$\frac{\partial u}{\partial t} = \frac{\partial^2 u}{\partial x^2} \quad 0 \leqslant x \leqslant L \quad t \geqslant 0 \tag{4-1}$$

初始条件为：

$$u(x, 0) = u_0(x) \tag{4-2}$$

边界条件为：

$$u(0, t) = u(t), \ u(L, t) = u_L(t) \tag{4-3}$$

上式左端是对空间坐标的偏导数，右端是对时间坐标的偏导数，为了对时间的偏导数离散化，取时间坐标上两个时刻间的步长为 τ，下面对不同的差分格式进行讨论。

显式差分格式为：

$$\frac{u_{i,j+1} - u_{i,j}}{\tau} = \frac{u_{i+1,j} - 2u_{i,j} + u_{i-1,j}}{h^2} \tag{4-4}$$

这种求解方法可以用图 4-2 表示，图中的纵坐标为时间坐标，横坐标为空间坐标，圆形符号表示对 i 列方程求解的点，方块符号表示对圆形符号列方程时所用到的点，由此看出，用这个方法对方程求解时，任何一个节点的未知函数值仅与本节点和邻节点上时刻 t_n 的已知函数值有关，而与其他节点 t_{n+1} 在时刻的未知函数值无关，这种方法称为显式方法，优点是求解过程非常简单，缺点是时间步长受到严格的限制，因此在稠油油藏模拟实践中，一般都使用隐式方法，如图 4-3 所示。

隐式差分格式为：

$$\frac{u_{i,j+1} - u_{i,j}}{\tau} = \frac{u_{i+1,j} - 2u_{i,j} + u_{i-1,j}}{h^2} \tag{4-5}$$

在上式中除了本节点 $u_{i,j+1}$ 外，还含有相邻节点的未知变量 $u_{i-1,j+1}$ 和 $u_{i+1,j+1}$，因此对

这样的方程求解时，不能像显示格式那样逐节点依次求解，而需要联立求解，所以称为隐式格式。由于采用隐式格式时，每个时间步长都要用联立方程组求解，所以与显示格式相比，它的计算量要明显增加，但是由于解的稳定性，具有显示格式所不可比拟的优势，火烧油层采油问题只能用全隐式解法。

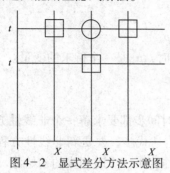

图 4-2　显式差分方法示意图

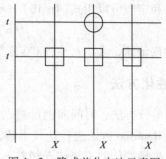

图 4-3　隐式差分方法示意图

三、定解条件的假定

微分方程与定解条件加在一起构成了一个实际稠油油藏问题的数学模型，前者用来表达流动的规律，后者用来指明就实际问题的特定条件。稠油油藏的初始状态和稠油油藏与它周围环境的相互作用必须是已知的，在许多重要情况下，缺乏这些条件的详细资料，必须用良好的工程判断得到合理的近似。

要得到问题所需求的工程解，微分方程必须符合初始条件和边界条件，初始条件和边界条件用于确定唯一的解出所给问题的函数，虽然一系列解都满足该微分方程，但是其中只有一个解才能满足原偏微分方程、初始条件和边界条件。因此，为了得到稠油油藏模拟问题的唯一解，必须用有限差分法对初始条件和边界条件进行近似处理，并且把它们结合到油藏模拟模型中去。这里，初始条件就是在给定在某一选定的初始时刻 t_0 油藏内压力或者饱和度的分布，表示如下：

$$T(X, Y, Z, 0) = T_0(X, Y, Z) \tag{4-6}$$

$$T(X, Y, 0, t) = T_{res}(X, Y, t) \tag{4-7}$$

$$T(X, Y, Z, \infty) = T_\infty \tag{4-8}$$

$$\nabla t \cdot n = 0 \tag{4-9}$$

其中，T 为确定在油藏区域的已知函数。

油藏边界是十分复杂的，它是由描述油藏系统的外边界和内边界组成。在井点处和油藏外部边界处也需要边界条件，这些边界条件可以是以下几种类型的一种。

1. 外边界条件

分为定压边界条件、定流量边界条件和混合边界条件。

定压边界条件：一段弧上每一点在每一时刻的压力分布都是已知的，这段边界为定压边界。

定流量边界条件：一段弧有流量流过边界，而且每一点在每一时刻的值都是已知的，则这段边界叫做定流量边界。

混合边界条件：在边界上用压力函数及其导数的线性组合的形式来确定。

2. 内边界条件

若油藏内分布有油井或者注入井时，则可把它当作已知点源或者点汇来处理，若井的产量为 q，则可在渗流方程中加上产量项 q，生产井取正，注入井取负。此外，还可以给定井底压力，定产量。或者变井底压力、变产量、关井条件。

关于定压和定产可以用式 (4-10) 表示成：

$$Q = J_o(p_R - p_{wf}) \tag{4-10}$$

式中，p_{wf} 为井底流压，在定产生产（或定量注入）时，p_{wf} 是一个待求的变量。

四、线性化方法

通过时间差分方法，时间向前推进，在每一时间步都要求解一个非线性方程组。可以采用 Newton – Raphson 方法进行迭代求解，每个内迭代步，要更新非线性方程组的系数矩阵，直到两次牛顿迭代的求解结果相差不大，则作为下一个时间步的初始值。

$$
\begin{aligned}
\delta X &= X^{n+1} - X^n \quad (\text{两时间步的差}) \\
&= X^{n+1} - X^l + X^l - X^n \\
&= \delta X + X^l - X^n \quad (\text{两次迭代的差})
\end{aligned}
\tag{4-11}
$$

$$\delta(XY) = X^l \delta X + X^l \delta Y \tag{4-12}$$

如质量守恒方程微分形式的左侧：

$$\frac{V}{\Delta t} \bar{\delta}(\phi \sum_{J=1}^{N_p} \rho_J S_J K_{vIJ} X_I) =$$

$$\frac{V}{\Delta t} \delta(\phi \sum_{J=1}^{N_p} \rho_J S_J K_{vIJ} X_I) + \frac{V}{\Delta t} [(\phi \sum_{J=1}^{N_p} \rho_J S_J K_{vIJ} X_I)^l - (\phi \sum_{J=1}^{N_p} \rho_J S_J K_{vIJ} X_I)_n] \tag{4-13}$$

五、网格排序与求解方法

线性方程组的求解法是稠油油藏模拟中最核心的步骤之一，方程组的线性和非线性特征是由问题本身的性质以及有限差分近似的性质来决定的，即使有限差分近似法得到的是一个非线性的方程组，也可以通过上节讨论的线性化方法来转化成为线性形式。

微分方程离散化时网格的排序，直接影响到系数矩阵的结构，从而影响方程组的求解时所需的内存和计算工作量。下面将介绍几种排序方式引起的系数矩阵结构变化对运算时间和模拟占用的内存空间的影响，下面以两种常用的排序方式为例。

1. 自然排序

考虑一个四 (n_y) 行六 (n_x) 列的二维网格，如果对网格按行进行排序，使用五点差分，得到系数矩阵为 5 对角结构，在产生的矩阵中，所有的非零元素都位于最上部及最下部的对角线之间，如果将带宽定义为矩阵任意行中最大元素的个数，那么按行进行的自然排序所得到的带宽为 13，这是因为按行进行的自然排序，二维问题的带宽总是等于 $2n_x + 1$，其中 n_x 表示任意行中网格的最大数目。

如果考虑到任意列中出现的最大网格数目总是少于出现在任意行中的最大网格数，从而按列进行网格块排序的话，得到的系数矩阵的带宽为 9，即为 $2n_y + 1$，如图 4-5 所示。

图 4-4 所需要的计算量要比图 4-5 所需要的计算量要小，因为所有的计算工作量是

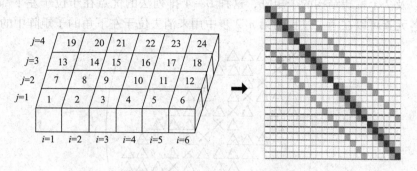

图4-4　按行进行的自然排列以及相应的系数矩阵

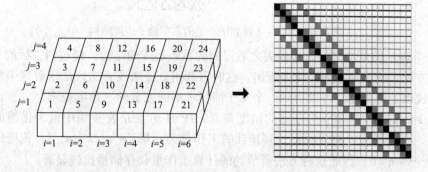

图4-5　按列进行的自然排列以及相应的系数矩阵

按照矩阵中的带宽内的元素来进行的，所以求解带宽较窄的问题比带宽较宽的问题效率高，也就是说，带宽越小，计算量越小。系数矩阵的带宽根据自然排序的方向不同是可变的，总的来说，自然排序通常都能得到带状矩阵。

2. D-4 排列

在 D-4 排序法中，网格块按对角线的形式进行排序，如图4-6所示。在该图中，阴影网格表示首先置入系数矩阵的点，空白网格则表示在此后置入的点，这种排序方法不允许相邻的两个网格块被连续地置入系数矩阵中。图4-6中列出了由 D-4 排列法产生的系数矩阵。

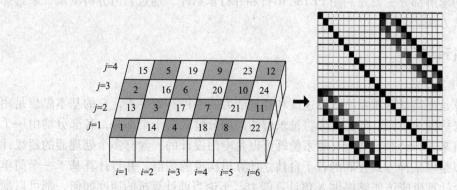

图4-6　D-4 排列法以及相应的系数矩阵

D-4 排列法产生的系数矩阵结构可以分为 4 个子矩阵，其中包括 2 个只有主对角线的子矩阵以及 2 个稀疏结构的子矩阵，这种 D-4 排列法的优点在于位于左下部子矩阵对角线上的各元素可以在消去过程的第 $n/2$ 步中用来消去位于左下角的子矩阵中的元素。

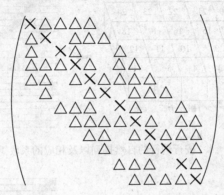

图4-7　由 D-4 排列法产生的右下侧子矩阵结构

图4-7 表示的是经过 $n/2$ 步消去之后得到的系数矩阵的结构，经过消去后的右下侧矩阵定义的方程系统通常称为简化方程组，这时可利用直接法或者迭代法求解这个简化的方程组，完成以上两步后，可以得到一个易于回代求解的完全的三角形矩阵。

从减少计算工作量和节约存储的角度来看，D-4 方法是直接法中最为优越的一种方法，当 n_x、n_y 均较大，且 $n_y < n_x$，其预计的工作量为：$W = n_x n_y^3/2 - n_y^4/4$，相应的存储量为 $S = n_x n_y^3/3 - n_y^6/6$，因此这种方法所节约的计算工作量和存储量比较显著。

用有限差分方法将偏微分方程组进行离散化最终导出线性方程组。当面临的是含有几千、几万甚至几十万阶的方程组时，运用强有力的线性方程组求解法来求解线性系统显然是十分必要的。

大体上来说，迭代方法通常广泛应用于求解大型方程组，在系数矩阵含稀疏结构、有大量零元素时，迭代法的选择更为引人注目，因为只有非零元素在求解过程中是有效的，这些方法还要求存储空间要小一些。对于直接法来说，得到的解向量的精度取决于所用计算机浮点数的精度，舍入误差可能积累增大并以无法控制的速度增长，特别是在大型方程组的计算中尤为明显。总体来说，方程的解必须具有几个特征：简单可行、易于编码、占用内存空间少，在有舍入误差的情况下稳定、解法应易于在计算机之间传输。在本节中，线性方程组的求解部分主要是利用 PETSc 串行和并行求解库，通过数值分析测试，来选择最适合的求解方法。

六、并行计算

1. 并行计算方法

并行计算是提高计算机系统计算速度和处理能力的一种有效手段。它的基本思想是用多个处理器来协同求解同一问题，即将被求解的问题分解成若干个部分，各部分均由一个独立的处理机来并行计算。并行计算系统既可以是专门设计的、含有多个处理器的超级计算机，也可以是以某种方式互联的若干台独立计算机构成的集群。并行计算基于一个简单的想法：N 台计算机应该能够提供 N 倍计算能力，不论当前计算机的速度如何，都可以期望被求解的问题在 $1/N$ 的时间内完成。显然，这只是一个理想的情况，因为被求解的问题在通常情况下都不可能被分解为完全独立的各个部分，而是需要进行必要的数据交换和同步。尽管如此，并行计算仍然可以使整个计算机系统的性能得到实质性的改进，而改进的程度取决于欲求解问题自身的并行程度。

2. 并行计算编程模型

为了简化并行程序的设计，需要采用合适的并行编程模型。目前两种最重要的并行编程模型是数据并行和消息传递。数据并行编程模型的编程级别较高，编程相对简单，但只适用于解决数据并行问题；消息传递编程模型的编程级别较低，编程相对复杂，却有着更加广泛的应用范围。数据的并行化指的是将相同的操作同时作用于不同的数据，从而提高问题求解速度。数据并行技术很早就被应用于向量计算机。长期的实践表明，该技术可以高效地解决大部分科学与工程计算问题。数据并行模型是一种较高层次的并行计算模型，它提供给程序员一个全局的地址空间。通常这类模型所采用的语言本身就提供有并行执行的语义，因而程序员只需要简单地指明执行什么样的并行操作和并行操作的对象，就实现了数据并行的编程。数据并行模型虽然可以解决许多科学与工程计算问题，但对于非数值计算类问题，如果仍通过数据并行的方式来进行，则难以取得较高的效率。目前，数据并行模型面临的主要问题是如何实现高效的编译。只有具备了高效的编译器后，数据并行程序才可以在共享内存和分布式内存的并行计算机上取得高效率，才可能提高并行程序设计的效率和可移植性，从而进一步推广数据并行程序设计技术。

在消息传递模型中，各个并行执行的任务之间通过传递消息来交换信息，协调步伐，控制执行。消息传递一般是基于分布式内存的，但同样也适应于共享内存的并行计算机。消息传递模型为程序员提供了更加灵活的控制手段和表达形式，一些用数据并行模型很难表达的并行算法，采用消息传递模型则可以很容易地实现。机动灵活和控制手段的多样化，是消息传递模型能提供很高执行效率的重要原因。消息传递模型为程序员提供了尽可能大的灵活性，但同时也将各个并行任务之间复杂的信息交换及协调控制交给了程序员，从而在一定程度上加重了程序员的负担。尽管如此，消息传递模型的基本通信模式仍然是简单和清楚的，目前大量并行程序采用的都是消息传递并行编程模型。

3. 并行算法基本原则

并行算法是适合在并行机上实现的算法，一个好的并行算法应该具备充分发挥并行机潜在性能的能力。并行计算机的出现来源于实际应用程序中存在内在并行度这一基本事实，因此，应用问题中是否存在可挖掘的并行度是并行计算机应用的关键，而并行算法作为应用程序开发的基础，自然在并行计算机应用中具有举足轻重的地位。

其基本原则如下：

(1)可扩展性。并行算法是否随处理机个数增加而能够线性或近似线性地加速，这是评价一个并行算法是否有效的重要标志之一。

(2)粗粒度。通常情况下，粒度越大越好，粗的粒度意味着能独立并行执行的是大任务，但算法的并行度小，不宜于负载平衡；细的粒度意味着能独立并行执行的是小任务，算法的并行度大，利于负载平衡。

(3)减少通信。一个高效率的并行算法，通信是至关重要的。提高性能的关键是减少通信量和通信次数，其中通信次数通常情况下是决定因素。

(4)优化性能。一个算法是否有效，不仅依赖于理论分析结果，也和在实现的过程中采用的技术息息相关。性能主要看单处理机能够发挥计算能力的百分比，然后是并行效率。

4. 常见的并行算法

常用的并行算法有以下几种：

(1)区域分解算法：是将区域进行分解的一种方法，早期应用于求解椭圆型偏微分方程。区域分解按照划分方式可分为非重叠的区域分解和重叠的区域分解。

(2)功能分解算法：是将不同功能组成的问题，按照其功能进行分解的一种手段，其目的是逐一解决不同功能的问题，从而获得整个问题的解。

(3)流水线算法：流水线技术是并行计算中一种非常有效的、常用的手段，根据计算的依赖和递推关系制定多任务流水线流程。

(4)分而治之算法：根据计算流程进行分解和整合，分而治之方法在并行计算中起着举足轻重的作用。

(5)同步并行算法：所有计算单元下一步计算需要等待上一次的计算全部完成，串行算法并行化中大部分使用此种算法。

(6)异步并行算法：进行数据交换不需要严格确定在某一时刻，每个处理机按照预定的计算任务持续执行，但通常需要在一定的时候必须进行一次数据交换，以保证算法的正确性。

第二节　数学模型的建立与求解

一、基本假设条件

火烧油层的驱油机理非常复杂，不但包括蒸汽驱还有蒸发和蒸馏、热水驱、冷水驱、气驱以及混相驱。此外，在油藏中还会发生多种化学反应，包括轻质油、重质油和焦炭的氧化以及重油裂解等。为了简化数学模型的推导，首先要针对具体的条件进行一些必要的假设。

本章的数学模型是建立在第三章论述的火烧油层室内燃烧管模拟实验台基础上的，该实验台的燃烧管的内径相对于其长度来说比较小，并且是水平放置的，实验过程中燃烧管还可以绕其中心轴线做往复摆动进一步消除了重力作用的影响。因此可以认为流体在燃烧管内的流动为一维水平流动并可以忽略重力的影响。此外，方程推导过程中还假设：流体和石英砂均为连续各向同性介质，石英砂不随流体运动；每一种组分都可以分布于任意的相中，各相之间以及流体与石英砂之间互不溶解；不考虑毛细管力对各相压力的影响，认为各相中压力相等；各相流体之间以及流体与石英砂之间处于局部热平衡状态；黏性耗散热、热辐射效应以及流体的动能和势能可以忽略不计；空气中只含有 O_2 和 N_2 两种组分，各自所占的摩尔分数分别为21%和79%；原油可以被看成一种不挥发的单组分的碳氢化合物；原油发生化学反应后只生成 CO_2、CO 和焦炭，并且把 CO_2 和 CO 合并成一种气体，用 CO_x 表示。

火烧油层采油过程涉及众多组分及繁杂化学反应，在基本假设前提下，根据反应动力学方程、达西方程、质量守恒方程、能量守恒方程和定解条件，可以建立描述火烧油层采油过程中质变、传质、传热的偏微分方程组和相应的辅助方程，并推导出相似准则，火烧油层假设条件有以下几点：

（1）火烧油层燃烧过程参与反应的物质组分共有 4 相 7 个组分，分别为：油相，包括轻质油（LH）、重质油（HH）；气相，包括 O_2、CO_2、惰性气体；水相为 H_2O；固相为焦炭（Char）。

（2）根据火烧油层燃烧特征，将燃烧过程简化为 2 步 4 个化学反应。首先原油受热分解为轻质油、重质油、焦炭等，然后各烃类化合物在有氧条件下发生氧化反应。

（3）与热能相比，动能及黏滞力做功可以忽略不计。在油藏的任意小单元体积中，达到热平衡和相平衡。忽略由于分子扩散与热扩散引起的传质传热。不考虑岩石的压缩性和热膨胀。不考虑毛管压力作用。岩石的内能是温度的线性函数。

二、控制方程

描述燃烧管实验的数学模型由一组偏微分方程组成，包括各组分的质量守恒方程、动量守恒方程和能量守恒方程。由于石英砂可以看成多孔介质，动量方程可以由达西定律代替，方程推导过程中直接把达西定律代入各组分的质量守恒方程和能量守恒方程，因此最后只需要给出质量守恒方程和能量守恒方程。除此之外还要补充各组分的密度、比热、比焓和黏度等物性参数关于温度、压力、摩尔分数等的函数。

1. 质量守恒方程

根据上面的假设条件，需要考虑的组分有氧气、氮气、CO_x、水、原油和焦炭。O_2、CO_x 和 N_2 都是不凝结气体，只存在于气相中，它们的质量守恒方程具有相同的形式：

$$\frac{\partial}{\partial \tau}(\phi S_g \rho_g y_i) = \frac{\partial}{\partial x}\left(\rho_g y_i \frac{K_g}{\mu_g}\frac{\partial p}{\partial x}\right) + \frac{\partial}{\partial x}\left(\rho_g D_i \frac{\partial y_i}{\partial x}\right) + \psi_i \tag{4-14}$$

水以气相和液相两种状态存在，它的质量守恒方程为：

$$\frac{\partial}{\partial \tau}\left[\phi\left(S_g \rho_g y_4 + S_w \rho_w\right)\right] = \frac{\partial}{\partial x}\left[\left(\rho_g \frac{K_g}{\mu_g}y_4 + \rho_w \frac{K_w}{\mu_w}\right)\frac{\partial p}{\partial x}\right] + \frac{\partial}{\partial x}\left(\rho_g D_4 \frac{\partial y_4}{\partial x}\right)\psi_4 \tag{4-15}$$

油仅以一种相态存在，其质量守恒方程为：

$$\frac{\partial}{\partial \tau}(\phi S_o \rho_o) = \frac{\partial}{\partial x}\left(\rho_o \frac{K_o}{\mu_o}\frac{\partial p}{\partial x}\right) + \psi_5 \tag{4-16}$$

焦炭不会发生迁移，因此焦炭的增量就等于由化学反应所产生的量，其质量守恒方程为 $\frac{\partial}{\partial t}(\phi_c \rho_c) = \psi_6$ （4-17）

式中 τ——时间，s；

ϕ——孔隙度，无量纲数；

S——饱和度，无量纲数；

ρ——密度，kg/m^3；

y——质量分数，无量纲数；

K——渗透率，μm^2；

μ——动力黏度，$mPa \cdot s$；

p——压力，Pa；

x——距燃烧管入口端的距离，m；

D——质量扩散系数，m^2/s；

ψ——化学反应质量源项，$kg/(m^3 \cdot s)$。

下标 $i = 1$，2，3，4，5 分别表示 O_2、CO_x、N_2、水和原油；g、w、o 分别表示气相、液相和油相。

2. 能量守恒方程

$$\frac{\partial}{\partial \tau}\left[(1-\phi_0)\rho_r h_r + \phi_c \rho_c h_c + \phi(S_g \rho_g h_g + S_w \rho_w h_w + S_o \rho_o h_o)\right] =$$

$$\frac{\partial}{\partial x}\left[\left(\rho_g \frac{K_g}{\mu_g}h_g + \rho_w \frac{K_w}{\mu_w}h_w + \rho_o \frac{K_o}{\mu_o}h_o\right)\frac{\partial p}{\partial x}\right] + \frac{\partial p}{\partial t} + \frac{\partial}{\partial x}\left(\lambda \frac{\partial T}{\partial x}\right) + q_v \qquad (4-18)$$

式中　ϕ_0——初始孔隙率；

　　ϕ_c——焦炭所占的质量分数；

　　h——比焓，J/kg；

　　T——温度，℃；

　　λ——导热系数，$W/(m \cdot ℃)$；

　　q_v——单位时间单位体积内由于化学反应产生的热量，$J/(m^3 \cdot s)$。

下标 r 和 c 分别表示石英砂和焦炭。

3. 反应动力学方程

稠油油藏火烧油层可用如下反应方程表征。

原油在无氧条件下热解反应方程式为：

$$\text{原油(Crude Oil)} \xrightarrow{r_{cf}} s_1 LH + s_2 HH + s_3 CHar + s_4 N + H_{cf} \qquad (4-19)$$

轻质油的氧化反应方程式为：

$$LH + s_5 O_2 \xrightarrow{r_{LH}} s_6 CO_x + s_7 H_2O - H_{LH} \qquad (4-20)$$

重质油的氧化反应方程式为：

$$HH + s_8 O_2 \xrightarrow{r_{HH}} s_9 CO_x + s_{10} H_2O - H_{HH} \qquad (4-21)$$

焦炭的氧化反应方程式为：

$$Char + s_{11} O_2 \xrightarrow{r_{co}} s_{12} CO_x + s_{13} H_2O - H_{co} \qquad (4-22)$$

式中　r_{cf}——焦炭生成反应率，$kg/(m^3 \cdot s)$；

　　r_{LH}——轻油组分氧化反应率，$kg/(m^3 \cdot s)$；

　　r_{HH}——重油组分氧化反应率，$kg/(m^3 \cdot s)$；

　　r_{co}——焦炭氧化反应率，$kg/(m^3 \cdot s)$；

　　H_{cf}——焦炭生成反应热，kJ/kg；

　　H_{LH}——轻质油组分氧化反应热量，kJ/kg；

　　H_{HH}——重质油组分氧化反应热量，kJ/kg；

　　H_{co}——焦炭氧化反应热量，kJ/kg；

　　CO_x——燃烧产出碳氧化合物，$1 \leqslant x \leqslant 2$；

　　s_i——各化学反应式的化学计量系数。

在多孔介质中，式(4-19)~式(4-22)中4个反应速率均可表示为其对应反应式的质量浓度变化率。

原油热解反应动力学方程为：

$$r_{cf} = A_{cf}e^{(-E_{cf}/RT)}(\phi\alpha_{cf}\Delta S \bar{S}_o\rho_o\omega_{oHH}) \tag{4-23}$$

式中　r_{cf}——原油热解反应燃料的转化率；

　　　A_{cf}——焦炭生成中 Arrhenius 常数，s^{-1}；

　　　E_{cf}——形成焦炭的活化能，kJ/mol；

　　　R——通用气体常数，$R=8.314$；

　　　T——温度，K；

　　　ϕ——多孔介质孔隙度；

　　　S——含油饱和度；

　　　ρ_o——原油密度，g/cm^3。

轻质油组分氧化反应动力学方程为：

$$r_{LH} = A_{LH}e^{(-E_{LH}/RT)}(y_{gx})(P_o+P_{cog})\cdot(\phi\alpha_{LH}\Delta\bar{S}_o\rho_o\omega_{oLH}) \tag{4-24}$$

式中　r_{LH}——轻质油燃烧反应的燃料转化率；

　　　A_{LH}——轻质油组分速率公式中 Arrhenius 常数；

　　　E_{LH}——轻质油氧化的活化能，KJ/mol；

　　　y_{gx}——气相中氧气摩尔分数；

　　　P_o——油相压力，Pa；

　　　P_{cog}——焦炭分压力，Pa。

重质油组分氧化反应动力学方程为：

$$r_{HH} = A_{HH}e^{(-E_{HH}/RT)}(y_{gx})(P_o+P_{cog})\cdot(\phi\alpha_{HH}\Delta S \bar{S}_o\rho_o\omega_{OHH}) \tag{4-25}$$

式中　r_{HH}——重质油燃烧反应的燃料转化率；

　　　A_{HH}——重质油组分速率公式中 Arrhenius 常数；

　　　E_{HH}——重质油氧化的活化能，kJ/mol。

焦炭组分氧化反应动力学方程为：

$$r_{co} = A_{co}e^{(-E_{co}/RT)}(y_{gx})(P_o+P_{cog})\cdot(\phi\alpha_{co}\Delta S \bar{S}_o\rho_o\omega_{OHH}) \tag{4-26}$$

式中　r_{co}——焦炭燃烧反应的燃料转化率；

　　　A_{co}——氧化速率公式中 Arrhenius 常数，s^{-1}；

　　　E_{co}——焦炭氧化的活化能，kJ/mol。

4. 达西方程

稠油油藏火烧油层涉及的达西方程为：

$$q_i = -\frac{K_i}{\mu_i}(\nabla p_i+\rho_i g\nabla z), \quad i=g, o, w \tag{4-27}$$

$$V_i = \frac{q_i}{\phi\nabla SS_i}, \quad i=g, o, w \tag{4-28}$$

式中　q_i——通过单位多孔介质横截面的流量，kg/s；

　　　p_i——i 相压力，Pa；

　　　K_i——i 相有效渗透率；

μ_i——i 相黏度，Pa·s；

　g——重力加速度，m/s^2；

　z——油藏标高，m；

V_i——气、油和水的峰面移动速度，m/s。

三、物性计算

水、一氧化碳、二氧化炭、氧气、氮气和原油的物性参数以及质量扩散系数、绝对渗透率和各相流体的相对渗透率参照有关文献或由实验数据回归的公式来计算，油相的相对渗透率由下式计算。

$$K_{ro} = \frac{(1 - S_g - S_w)^n}{\left\{1 - S_{wr}[1 - (1 - S_w)^5]\right\}^4} \times \left\{1 - S_w - S_g - 2S_{wr}[1 - (1 - S_w)^5]\right\} \quad (4-29)$$

式中，$S_{wr} = 0.2$。

充满着流体的多孔介质的导热系数影响因素很多，现在也没有比较准确的适用于各种情况的关系式，为简单起见用下面的经验关系式来近似地计算油层的视导热系数：

$$\lambda = aT^{-0.55}\exp[1.634(1 - \phi) + b(1 - S_g)^{0.2}] \quad (4-30)$$

式中，a、b 为常数，当 T 的单位为 K 时，$a = 13.854$，$b = 1.0$。

四、边界条件和初始条件

在初始时刻，燃烧管内的压力等于大气压，温度等于环境温度，已知原油饱和度和含水饱和度，燃烧管内气相中只有氧气和氮气，摩尔分数分别为21%和79%。

已知从燃烧管入口注入的空气质量流量密度和水的质量流量密度：入口气相中氧气和氮气的摩尔分数分别为21%和79%，含水饱和度的含量为零，入口的原油饱和度也为零；根据实验条件假定在点火阶段，管的入口温度先由随时间线性增加到加热所能达到的最大温度，然后维持一段时间，当燃烧稳定以后，入口取为绝热边界。

燃烧管出口压力等于大气压；假设出口的含油饱和度、含水饱和度以及气相中氧气和氮气的摩尔含量对上游不会造成影响，可以简单地取为上游的值；只与时间有关，而与空间坐标无关，不需要边界条件；忽略出口横截面由于导热造成的热损失，取为绝热边界。

五、源项的计算

本节只考虑原油的热裂解反应和焦炭的高温氧化反应。

这两个化学反应的反应速率由 Arrhenius 公式化计算。各种组分的质量守恒中的源项以及化学反应热都可以根据上述化学反应速率计算。

六、数学模型的离散化和求解

对计算区域采用内节点法，划分均匀网格，方程的离散采用隐式的控制容积积分法，采用幂率格式对方程中的对流—扩散项进行离散。方程的求解采用隐式序贯法，先隐式的求出压力，然后再用隐式来求解其他参数。

第三节　数值模拟结果分析

　　程序编制调试完毕后，首先在实验条件下进行计算，并将得到的结果与实验结果进行比较；随后研究结果对绝对渗透率和相对渗透率的依赖性；然后分析空气注入速率对燃烧前缘推进速度的影响，并与文献的结果进行对比；最后比较注氧气与注空气的差别。

一、火烧油层模型分析

　　过去的 10 年中，火烧油层数值模拟已达到成熟阶段。Abou－Kassem 等（1986）对1969～1985年产生的所有主要模型的不同特点进行了详细描述，这些模型的油藏数值模拟方程的解均基于 Newton－Kaphson 方法；并对数学模型、非线性项处理、有限差分方程组的表达方法和求解方法进行了综合分析。过去 10 年中的一般应用趋向是商用的数值模拟器，因此新模型很少，其中之一是体积平衡方法。Acs 等在构建复合非等温模拟中引进了体积平衡原理。对于火烧油层模拟，在每一个网格块上多了一个能量平衡方程。Mifflin 和Watts（1991）在火烧油层模拟中用这种方法，他们用压力、总质量和总内能作为基本变量。用总质量（代替组分质量）和总内能作为基本变量来处理物质相态变化，进而处理相的产生和消失。换一种说法，流动方程与相的状态耦合，或简单地用一个流动方程描述多相状态关系。在体积平衡方程中每一项都有物理含义。

　　在火烧油层模型的全隐式方程中，一个网格块有 $N_c + 2$ 个未知量（N_c 组分的总质量、总内能和压力）和 $N_c + 2$ 个方程。各组分的物质平衡和能量平衡提供 $N_c + 1$ 个方程。由体积平衡原理给出一个附加方程，即在任何时刻一个单元上流体的体积等于孔隙的体积。Brantferger 等（1991）在能量平衡方程中应用体积平衡法，但用焓代替了总内能。Farkas 和Valko（1994）对自适应隐式蒸汽驱模型，直接应用 IMPES（隐式压力显示饱和度）体积平衡方法。一些学者对变量在网格上的隐式的阶数、计算成本、存储需求、稳定性、结果的精确性等感兴趣，并努力提高已有模型的效率。Oballa 等（1990）建议用一种带基于数学稳定性分析转换准则的自适应隐式方法（AIM）。Grabensetter 等（1991）提出几个隐式和显式处理网格块转换的准则。Vinsome 和 Shook（1993）用网格块界面，而不是网格块中心来选择隐式的阶数来处理基本参数的变化。

二、绝对渗透率和原油相对渗透率的影响

　　石英砂的绝对渗透率和原油的相对渗透率的数值以及计算公式差别较大，很难判定哪些数据和公式适用于本节所计算的实验条件，为此检验了绝对渗透率和原油的相对渗透率对结果的影响。因为随着绝对渗透率的增加，原油的流动性增加，使得残余油饱和度减小，因此热裂解成焦炭被烧掉的原油减少，空气需要量也随之减少，在相同的空气注入速率下就会使燃烧前缘推进速度增加。虽然绝对渗透率对燃烧前缘推进速度以及采收率等影响很小，然而它对燃烧管入口的压力影响却很大。随着绝对渗透率的减小，入口压力迅速增加。

　　原油的相对渗透率计算公式中的指数 n 取不同的值时（绝对渗透率取 $1 \times 10^{-12} \mathrm{m}^2$）对燃

烧前缘推进速度的影响：当 n 增大时，在相同的油饱和度下，原油的相对渗透率降低，原油的流动性变差，此时就会有更多的原油被烧掉，燃料消耗量增大，空气需要量增加，在相同的空气注入速率下，燃烧前缘推进速度减慢。随着 n 的增大，原油流动性变差，然而入口压力增加的并不多，这说明入口压力主要是由绝对渗透率和气相的相对渗透率或者说是气相的渗透率来决定的。

三、空气注入速率的影响

为了研究空气注入速率对结果的影响，并与文献的结果进行对比，为此采用了与文献相关的初始条件，即取空气注入速率分别取为 $13.17Nm^3/(m^2 \cdot h)$、$19.74Nm^3/(m^2 \cdot h)$、$23.03Nm^3/(m^2 \cdot h)$ 和 $32.9Nm^3/(m^2 \cdot h)$。研究中发现，与文献相比，在相同空气注入速率下得到的燃烧前缘的推进速度较低。造成这种差别的一个主要原因可能是文献采用的油砂具有一定的初始含水饱和度（17.8%）。而在本计算中初始含水饱和度为零。由于水的存在使更多的热量被携带到燃烧前缘的前面，使前面的原油黏度降低，流动性增加，燃料消耗量减少，从而减少了空气需要量，增加了燃烧前缘的推进速度。尽管两者之间存在这样的差别，然而都表明随着空气注入速率的增加，燃烧前缘的推进速度基本上是线性增加的。因此可以适当提高空气注入速率来缩短实验时间。计算结果还表明提高空气注入速率对采收率和空气消耗量没有太大的影响。

第五章　火烧油层工艺技术

本章主要介绍火烧油层矿场所使用的专用设备和工艺技术，重点围绕油层点火、维持油层燃烧的管火以及不断提供助燃剂（空气或富氧气体）的压缩设备等三大配套技术进行讨论。

第一节　火烧油层点火技术

为了在油层内形成燃烧，首先必须点燃油层内的原油，方能实现火烧油层。而油层点燃程度的好坏，又将直接影响着火烧油层的最终效果。因此，油层点火技术是火烧油层采油方法中的关键技术之一。试验表明，在油层内点燃并建立燃烧前缘所花费的时间短则几天，长达几十天，视地层原油的物理性质和化学成分而异。根据试验资料，油层的自燃温度在 350～400℃ 范围内。

油层点火方式可分为层内自燃点火和人工点火两类。人工点火又包括电热器、井下燃烧器、化学剂以及注热介质等多种方法。

一、人工点火方法

1. 电热器点火

利用井底电加热器点燃地层原油，是一种最常见的点火方法。电热点火器主要有硅碳棒和管状元件两种不同的结构形式。

1）碳棒电热器

结构如图 5-1 所示。这种三相硅碳棒电热器是我国于 1966 年研制出来的，最大功率27kW，最大组装外径为 100mm，曾经在 4 口浅井中点燃了油层。它具有结构简单，不怕油、气、水的特点，但是硅碳棒棒质脆，不耐撞击，在起下操作过程中易损坏，故只适用于不自喷的浅层油井中。1968 年定型，后由管状元件电热器取代。

2）管状元件电热器

我国于 1969 年研制成功的管状元件电热点火器，曾经点燃了近 20 井次的油层。这种电热器主要由上部电缆接头、中部发热元件及尾部引鞋和测温元件组成。有单相和三相两种，以三相为主，其结构如图 5-2 所示。管状元件及组装成的三相电热点火器的技术规范见表 5-1。

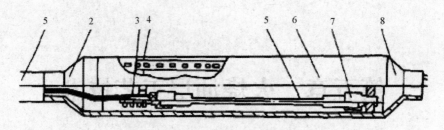

图 5-1　硅碳棒电热点火器示意图

1—油管；2—上接头；3—接线柱；4—固定盘；5—硅碳棒；6—外套；7—卡瓦套；8—下接头

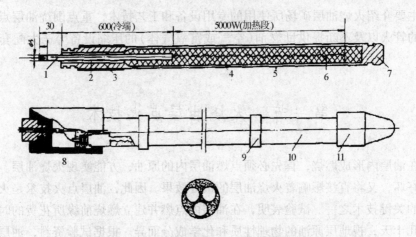

图 5-2　管状元件电热器结构示意图

1—电极；2—磁环；3—上密封接头；4—元件外壳；5—绝缘材料；6—电热丝；7—下接头；

8—密封填料；9—固定环；10—发热元件；11—引鞋

表 5-1　管状元件电热器技术规范

管状元件					组装电热器					备注
功率/kW	外径/cm	发热长度/cm	表面积/cm²	表面负荷/(W/cm²)	外径/mm	冷电阻/Ω	最大负荷			
							相电压/V	相电流/A	功率/kW	
10	2	400	2513	4.0	53	10	320	32	30	
15	2	400	2513	6.0	53	8	345	43	45	可在 2½in 油管内起下
20	2	400	2630	7.6	53	6	350	58	60	

在组装过程中的关键工序是管状元件与电缆的接头制作。如果接头制作不好，当提升功率电压升高时，将会发生拉弧短路和断路事故，甚至使井下高压油、气、水沿接头窜进电缆而破坏绝缘，从而造成电缆报废。较好的措施是将三相交流电整流后，用耐温密封树脂灌封。

管状元件电热器的主要优点为：

（1）供热量稳定，调节方便，可防止烧坏油层套管。

（2）起下操作较方便，不怕碰撞，工作比较安全、可靠。

（3）温度控制范围广，从0～600℃之间可采用稳定功率改变风速，或稳定风速改变功率来调节所需要的温度。因此，它是油田用于油层点火、单井吞吐、焦化防砂、清蜡解堵等措施不可多得的工具。

（4）不像井下燃烧器那样用燃烧烟气来加热油层，这样有利于由邻井产出气的组分分析结果来判断油层是否已被点燃。

此种结构的电热器的主要缺点是：投资较高的点火专用铝皮电缆承受压力，若在注气压力超过10MPa的工作条件下，电缆将会发生变形，难于重复使用。为此，1992年胜利油田又研制出井下电路对接方式的管状元件电热器，其结构如图5-3所示。这种电热器是由油管送入到井下的预定位置，电缆在油管内起下，采用接触器对接技术，实现电缆与管状元件、测温元件的连接。由于油管与环空密封，电缆不受高压油、气、水的影响，工作较为安全、可靠，截至1996年9月，已在胜利油田5口井中实现点火一次成功和电缆的重复使用。这种结构的电热器的主要技术指标见表5-2。

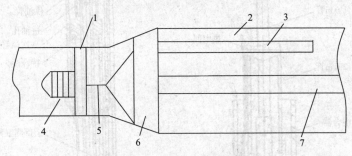

图5-3　电热器及接触器示意图

1—接触器接头；2—外套；3—电热器；4—磁环；5—上密封接头；6—通电电缆；7—电热器接头

表5-2　对接式电热器技术指标

技术指标	参数	技术指标	参数
最高加热温度/℃	600	加热功率/kW	0～40
耐油、气、水压/MPa	25	适用井斜/(°)	<25
适用井深/m	<1500	适用套管/(mm×mm)	177.8×9.19

此种电热器的主要缺点为：

（1）空气不直接通过加热元件，热交换率较低，加热功率也受到限制。

（2）测得的温度不代表进入油层空气的温度。

（3）不能循环作业。

2. 燃烧器点火

井下燃烧器有气体和液体燃料两种。国外用得较普遍的是气体（燃料）点火器，我国从油田实际出发，研制成功了液体（燃料）点火器。

1）气体点火器

气体点火器的结构如图5-4所示。天然气按一定比例从注气管中注入，一次空气从气油管环形空间注入，天然气和一次空气分别进入与油管下部连接的混合器中混合，引入燃烧室。然后通电将燃烧室内的混合气体引燃，并使其持续燃烧，加热油层；油套管环形空间注入的二次空气起冷却套管、防止燃烧气体上返及参加燃烧的作用。燃烧室下部装有测温元件，用以测量和调节控制燃气温度。使用此种点火器时，必须对天然气和空气进行精确计量，控制好它们的混合比例，以确保安全。

　　2）液体点火器

　　图5-5是液体燃烧点火器的结构示意图。油层点火时，将燃烧室下至油层射孔段顶部，汽油（或柴油、煤油）和一次空气分别注入。汽油在特殊接头处进行过滤后进入加速管，在燃烧室的顶部与一次空气混合，经单流阀和喷嘴，在燃烧室内雾化，通电引火燃烧，像喷灯一样在井下持续燃烧，用燃烧烟气来加热油层，实现点燃油层的目的。二次空气和测温元件的作用与气体燃料点火器中的相同。利用汽油点火器先后在我国油田上点燃了9口井的油层。

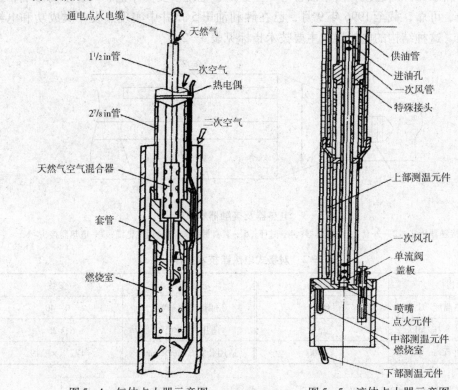

图5-4　气体点火器示意图　　　　图5-5　液体点火器示意图

　　井下燃烧器点火的主要优点是发热量大，油层点火时间短，且加热程度好。但由于采用明火加热油层，温度较难控制，易烧坏油层套管，且安全性较差。另外，它是利用燃烧烟气来加热油层，故难于用生产井的气体组分变化来判断油层的点燃程度，只能根据每米油层加热量的经验值来决定点火工作是否可以结束。

　　3. 化学剂点火

　　该方法是首先在注气井的油层内，挤入适量的化学剂，该化学剂遇到不断注入的空气或氧气时，就会发生剧烈的氧化（即燃烧）反应，以此来实现点燃油层的目的。提出的方案有多种，但由于化学剂昂贵、施工复杂且不安全等原因而应用甚少。

4. 注热介质点火

一般为注热空气或废气。由于在注入过程中井筒热损失较大，该点火方法只能在浅油层中应用，最好与层内自燃点火结合使用，以缩短层内自燃点火的时间。

二、层内自燃点火方法

当原油在室内温度环境下暴露于空气中 10～100 天，原油将被氧化，氧化的时间与原油性质有关。如果没有热损失的话，温度将上升，很可能出现原油自燃，即便是反应很差的原油也是如此。

如果油藏含有对自燃敏感反应充分的原油，而且具有较高的油层温度，当向油层注入空气时，在油层温度下油层中的原油遇氧就会发生一定程度的氧化反应（低温氧化反应），氧化反应伴随着放热，致使油层温度缓慢升高。温度升高以后，又加速了原油的氧化速度，从而导致油层温度进一步升高。这一过程一直持续到油层温度上升到原油的自燃温度为止。这样，在不断地注入空气的条件下，油层就会产生一个移动的燃烧前缘，向生产井方向蔓延扩大。为了缩短点火时间，适当增加注入空气的温度是有利的。在正常情况下，把油层温度提高到 93.3℃，点火时间可缩短到 1～2 天。

自燃点火不需要外加任何点火设备。因此，了解地层原油的氧化特性，对确定油层自燃操作的经济合理性是很重要的。

根据塔蒂麦（Tadema）和威伊蒂麦（Weijdema）的研究结果，层内自燃点火时间可以用下式计算：

$$t_i = \frac{\rho_1 c_1 T_o (1 + 2T_o/B) e^{B/T_o}}{86400 \phi S_o \rho_o H A_o p_x^n B/T_o} n \tag{5-1}$$

式中　t_i——点火时间，d；

ρ_1——油层密度，kg/m^3；

c_1——油层比热容，$kJ/(kg \cdot ℃)$；

T_o——初始温度，K；

A_o——常数，$s^{-1} \cdot MPa^{-n}$；

B——常数，K；

n——压力指数；

S_o——含油饱和度；

ϕ——孔隙度；

H——O_2 的反应热，kJ/kg；

p_x——氧分压。

地层热容 $\rho_1 c_1$ 可用下式来确定：

$$\rho_1 c_1 = (1 - \phi)\rho_s c_s + \phi S_o \rho_o c_o + \phi S_w \rho_w c_w \tag{5-2}$$

式中　ρ_s，ρ_o，ρ_w——分别为岩石、原油、水的密度，kg/m^3；

c_s，c_o、c_w——分别为岩石、原油、水的比热容，$kJ/(kg \cdot ℃)$；

S_w——含水饱和度。

式（5-1）中的 A_o、B、n 常数是将试验原油配制的油砂，在不同氧的分压（p_x）反应温度（T）条件下，测得相应的氧化反应速度 K 值（每千克原油反应每秒所消耗的毫克氧气量），再利用阿黑尼乌斯关系方程求得：

$$K = A_o p_x^n e^{(-B/T)} \tag{5-3}$$

具体试验和求解方法是：将配制油砂装入高压釜中，先用氮气把油砂空隙中的空气替代后，同时给油砂加热、加压到要求条件时，再用空气替代氮气，并使压力和温度保持一段适当的时间，在此阶段分析产出气中 O_2、CO_2、CO 等气体含量。最后，停止注空气和加热，改用注氮气，待高压釜冷却后，分析液体、固体物质中的含水和碳氢化合物的氧含量。根据这些资料就可以计算出氧化反应速度 K 值。在相同压力和不同温度下，对同一油砂进行重复测定。

根据方程式(5-3)，氧化反应速度 K 与绝对温度的倒数($\frac{1}{T}$)绘在半对数坐标纸上，得出的是一条直线。实际上，试验资料是相当分散的，只有使用最小二乘法处理才是一条直线。根据直线斜率可确定常数 B，然后计算 $A_o p_x^n$ 乘积。为了确定每一个 A_o 和 n 值，必须测定同一温度、不同压力下的氧化反应速度 K 值。

塔蒂麦和威伊蒂麦利用南贝尔里奇(S. Belridge)和委内瑞拉某一油田的资料和油样试验结果求得的 A_o、B、n，带入方程式(5-1)求出的点火时间和实际观察到的点燃时间如表5-3所示。

表5-3　用于计算自燃点燃时间的油田资料

参数 \ 油田		南贝尔里奇	委内瑞拉
T_0		303.8	312.2
p		15.3	29.6
p_x		3.20	6.18
A_o		3080	1210
B		8860	8680
n		0.46	0.45
H		2940	2940
ϕ		0.37	0.40
S_o		0.60	0.56
S_w		0.37	0.34
ρ_o		970	980
$\rho_1 c_1$		553	527
点燃时间	计算的	99	49
	观察的	106	35

从保护火井的套管这一角度来看，层内自燃点火是最理想的方法。一般来说，对于油层温度高于50℃的深层，可采用这种简易方法(见图5-6)，否则点火时间过长，如南贝尔里奇油田，其实际点燃时间为106天。

表5-4　层内自燃点燃的油田资料

油田、位置（经营公司）	油层深度/m	油层温度/℃	原油密度/（g/cm³）	油层温度下黏度/mPa·s	经济评价
Brea－Olinde，CA（Union）	1082	57.2	0.922	20	经济技术成功
Midway－Sunset，CA（Mobil）	731	51.7	0.969	110	经济技术成功
Heidelberg，Mi（Gulf）	3581	105.0	0.910	4.5	2.5年回收投资准备放大
Sloss，NE（Amoco）	1900	93.3	0.833	0.8	技术可行
Fosterton NW，SaSR Canada（Hobil）	945	51.7	0.912	13.5	技术可行
Glen Humel，TX（Sun）	741	45.6	0.929	52.0	预计最终采收率可达60%
Miga，Venezuela（Gulf）	1300	63.3	0.976	355	预计火驱采收率>50%

综合上述各种油层点火方法，一般认为对于浅油层，宜采用电热点火。对于深层则以采用层内自燃点火为妥。井下燃烧器虽然对深、浅层点火都可适用，但其温度难于控制，安全性较差，故须慎用。

三、判断油层点燃的方法

油层点火的实质在于通过注入（火）井把热量传递给油层，使近井地带的原油在热的作用下产生降黏、蒸馏、汽化和不能蒸馏的重质碳氢物质，在高温下产生裂化分解作用，最后在砂粒表面积存焦炭燃料，当温度上升到生成燃料的自燃温度时，就与不断注入的空气发生剧烈氧化作用，直到建立油层的稳定燃烧前缘为止。因此，判断油层是否已被点燃的方法有依据加热量（强度）和邻井生产气体组分变化两种。

1. 加热量（或加热强度）判断法

油层点火的总加热量是按热平衡原理计算的，其方程式如下：

$$\sum Q = Q_1 + Q_2 + Q_3 + Q_4 \tag{5-4}$$

$$Q_1 = \pi(R^2 - r^2)h(1-\phi)\rho_s c_s(t_1 - t_0) \tag{5-5}$$

$$Q_2 = \pi(R^2 - r^2)h\phi S_o[c_o(t_2 - t_0) + h'_1] \tag{5-6}$$

$$Q_3 = \pi(R^2 - r^2)h\phi S_w \rho_w[c_w(t_3 - t_0) + h'_2] \tag{5-7}$$

$$Q_4 = 0.5(Q_1 + Q_2 + Q_3) \tag{5-8}$$

式中　$\sum Q$——总加热量，kJ；

Q_1——加热预热范围内岩石至燃点的热量，kJ；

Q_2——加热原油并使之蒸馏的热量，kJ；

Q_3——加热水并使之蒸馏的热量，kJ；

Q_4——点火过程之热损失，kJ；

R——油层的预热半径，m；

r——油层套管外半径，m；

h——油层有效厚度，m；

t_1——预热温度（大于自燃温度），℃；

t_2——原油在注入压力下的平均馏点，℃；

t_3——水在注入压力下的饱和温度，℃；

t_0——点火前的油层温度，℃；

h'_1——原油平均汽化潜热，kJ/kg；

h'_2——水的汽化潜热，kJ/kg。

预热半径 R 不宜过大，因为油层积蓄一定热量一旦自行燃烧后，其发热功率要比点火器大得多，燃烧温度也比自燃点高得多，故取 $R = 0.6 \sim 1.2\text{m}$ 为宜。

根据国内外油层点火统计资料说明，在保证进入油层热载体的温度不低于油层自燃点，给每米油层连续加热 $209 \times 10^4 \sim 627 \times 10^4 \text{kJ}$ 热量（国外为 $209 \times 10^4 \sim 418 \times 10^4 \text{kJ/m}$，我国为 $209 \times 10^4 \sim 627 \times 10^4 \text{kJ/m}$），只要在火井无窜槽和油层无窜漏的条件下，都能点燃油层。油层厚时加热强度取低值；油层越薄、越浅时，加热强度宜取高值。

2. 邻井生产气体组分变化判断法

当温度升至油层自燃温度时，注入空气中的氧气就与原油裂解产生的焦炭发生剧烈的氧化（即燃烧）反应，生成 CO_2、CO 气体。因此，从生产气体组分的变化可判断油层是否已被点燃。具体做法是：在点火前需向注入井进行由低速到较高速度注气，使油层建立连续气相；在点火加热过程中，定期对周围生产井取气样进行组分分析，特别是累计加热量将达设计值时，除按设计要求加大注气速度外，应加强对周围井动态观察和加密气样分析，若在24h内，生产气中 O_2 下降，CO_2 和氧利用率增加，说明油层确已点燃，即可停止点火，继续注气转入油层自行燃烧的管火阶段。否则，在确认油井无窜槽、油层无窜漏及点火器正常的情况下，需提高预热温度继续点火。

需要指出的是，利用生产气体组分变化来作为判断油层是否被点燃和点燃程度的指标，应以各井的 O_2 含量及氧利用率为主，这是由于 CO_2 气体易溶解在油、水中的原因。

四、油层点火操作及注意事项

以管状元件电热点火器为例，介绍点火准备工作、操作程序及注意事项。

1. 油层点火准备工作

为了安全、可靠地实现点燃油层的目的，点火前应做好以下主要工作：

(1)点火实施方案。根据试验目的层岩性物性、火井井身结构，以及电热器功率等资料，决定点火参数、工艺设计、试验操作步骤、注采井监测要求、注意事项、组织措施等，经讨论通过后执行。

(2)备好火井、下井管柱及作业井架。若火井为新井，则需按射孔方案要求射孔；若为老井，需检查其固井质量、套管完好情况，确保完好；若有砂面，应冲砂至人工井底。

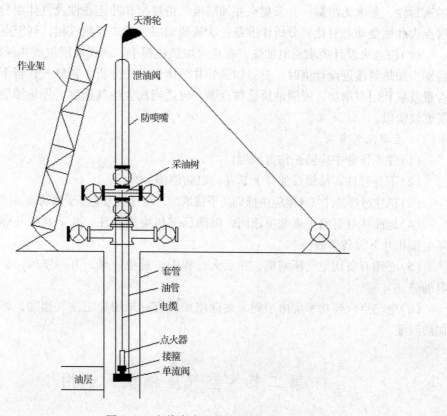

图 5-6　电热点火工艺流程图

下井管柱需保证螺纹完好，内壁无油污，下井时需经相应规格的通管规通过后，方能下井。立好作业井架，为下电热器作准备。

（3）组装、调试好点火配套装置。包括电热器、防喷管总成、天滑轮、电缆绞车、点火数据采集和温度、功率控制系统，以及地面注气仪表、设备等。组装调试中要做细致的工作，严格把住每个环节，确保各部分正常后，电热器才能下井。

（4）下井作业。下井作业前，需要进行方案交底（向作业施工人员），以明确作业步骤、要求及注意事项后，方能施工作业。

2. 操作步骤

（1）接点火方案要求，将准备好的下井管柱下到预定位置后，坐封好井口（见图 5-6）。

（2）启动电缆绞车，缓慢回收电缆，并通过天滑轮小心把组装好的电热器、防喷管总成吊起，防喷管与井口测试闸门用卡箍连接固定。

（3）打开井口测试和总闸门，调节防喷盒压帽到适度，启动绞车缓慢下放点火器。开始时由于防喷盒密封圈的阻力，需压送电缆，待下放一段距离能依靠自重下放后，要注意下放速度和下放深度。在电热器接近规定深度时，放慢绞车速度，确认电热器尾部已抵达预定位置时，将防喷盒盘压帽压紧，检查电路正常后，即完成点火器下井工作。

（4）打开另一翼套管闸门，采用油管注气、正替井筒液体，替尽为止。

（5）关闭替液套管闸门，打开油、套管注气闸门，按试注设计要求，油、套管同时向油层注气。其目的是：①驱尽井筒油气，确保油层点火安全；②检查井口和注气流程管路的密封性，要求无渗漏；③采集火井油层吸气指数与邻井连通性及气体组分等资料，为油层点火和燃烧动态对比、分析作准备；④疏通油层、造成连续气相，利于点火和燃烧。

（6）按点火设计要求通电加热，在点火加热过程中，加强周围生产井观察和动态分析，特别当加热量接近设计值时，更需加强邻井气体组分的分析，若氧气含量下降，二氧化碳含量及氧利用率增加，说明油层已被点燃，可适当加大注气速度，停止油层点火，转入油层燃烧阶段。

3. 主要注意事项

（1）井下作业中应防止伤害油层。

（2）下井管柱需加螺纹油，上紧井，以防渗漏。

（3）试注过程的注气速度应由低到高平稳增加，注气压力应小于油层破裂压力，以防气窜。

（4）地面注气管路中需装单流阀，以防压缩机突然停注、井下高温气体上返，造成烧坏电缆相井下设备事故。

（5）必须有备用空气压缩机，在点火过程中，避免停风；万一停风，必须立即停止通电加热。

（6）电热点火器功率应由小到大逐渐增加为宜；采用稳定注气速度，调节功率，控制加热温度。

第二节　空气压缩机的选用

油层燃烧所需要的氧化剂可以是普通的空气，也可以是富氧或纯氧等。但是，绝大多数工业试验项目中均使用普通的空气作为氧化剂，因此空气压缩机成为火烧油层中最重要的设备之一，并且它也是火烧油层项目中的大项投资之一。压缩空气所消耗的能源占项目运行费用的很大部分，在预算时必须估算消耗的大致能源量，与我们所期望的原油采收率相比较。

根据不同的油藏和原油特性，所需要向油层注入空气的压力和流量范围很大，压力范围为 $2 \sim 25MPa$，流量范围为 $2 \times 10^4 \sim 25 \times 10^4 m^3/d$。

用于火烧油层最常见的是往复式活塞空气压缩机，有时也用离心式，很少用轴流式。图 5-7 是这三种类型空气压缩机的应用范围。

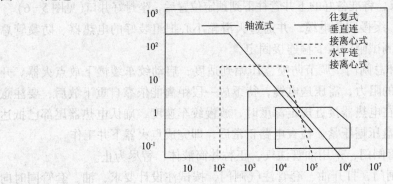

图 5-7　各种类型空气压缩机应用范围

由图5-7可知，往复式活塞空压机应用范围最大，可达到很高的压力，流量范围也较大；轴流式空压机用在极大流量和较小的压头情况下；离心式则介于两者之间。

在选择压缩机规格、型号、数量及基建时，必须根据开发区层的地质特征（包括埋藏深度、油层岩性物性、油层厚度、油层压力和温度、原油物性等），试验规模（包括面积、井网、井距、井组数量、投产次序），开发年限，以及最大注气量等因素来合理选择和决定相应的基建要求。由于在油层燃烧过程中的注气量是逐渐增大的，对较大规模（日注气量 $5 \times 10^4 \mathrm{m}^3$ 以上）的火烧油层开发试验中，选用大、小机组搭配为好，这样做有利于注气量的合理调节，避免放空浪费。

火烧油层项目对压缩设备的选用和基建要求有如下3种形式。

（1）活动式压缩机。将空气压缩机安装在卡车、拖车或拖橇上。一般在火烧吞吐增产（注）措施、油层点火及小型的火烧油层先导试验中，常用此种型式的压缩设备。

（2）由低压、大小排量不同机型组成的压缩机站。此种型式常用于较大规模的浅层火烧油层开发试验和井网面积较大的先导试验区。

（3）高压、大排量固定式压缩机站。通常用于深层大规模工业性火烧油层开发或深层的先导试验。

空气压缩机长期安全运行的可靠性一直是人们关注的主要问题之一，因为它是确保火烧油层工艺成败的前提。国内外几个火烧油层的压缩机设备装置情况见表5-5。

表5-5　国内外火驱试验区压缩机设备装置情况

油田名称	厚度/m	深度/m	面积/$10^4\mathrm{m}^2$	井距/m	压缩机设备情况
史洛斯（小型）	3.25	1880	16	275	6台活动式447.6kW，V-12型400r/min增压发动机组，压力23.2MPa，排量45310m^3/d
史洛斯（大型）	4.3	1880	388	400	压缩机站，用200台燃气轮机传动，整铸体压缩机，300r/min，额定制动功率2162.5kW，压力29MPa，总排量38×$10^4\mathrm{m}^3$/d
莫伦	5.1	250	28	100~175	爬犁式worthington四级压缩机，44.6kW，压力7.37MPa，排量4.2×$10^4\mathrm{m}^3$/d
南贝尔里奇	10	234	1.0	71	3台261kW压缩机，在3.6MPa下可供气9.9×$10^4\mathrm{m}^3$/d
栅嫩	10.1	289	2.02	45	一台燃气轮机带动的三级压缩机额定功率7.03kW，排量1.8×$10^4\mathrm{m}^3$/d
福莱	16.7	303	1.34	84	一台37kW柴油机带动的三级压缩机，排量5×$10^4\mathrm{m}^3$/d
海德伯格	12.2	3581	162	不规则	一台拖车时六级压缩机在压力17.5MPa下的排量为2.8×$10^4\mathrm{m}^3$/d

油田名称	厚度/ m	深度/ m	面积/ $10^4 m^2$	井距/ m	压缩机设备情况
西新港	83	800	14	60 ~ 100	压缩机站，拥有 2 台 149kW，870r/min 二级电动压缩机 3 台单级电动压缩机，五台压缩机在压力 3.16MPa 下的排量为 $15.6 \times 10^4 m^3/d$
米盖	6	1250	256	400 ~ 800	两台压缩机在 17.6MPa 的最大排量为 $42.5 \times 10^4 m^3/d$
苏普拉库	10	50 ~ 200	3000		压缩机站，共 10 台压缩机供气 $2210 \times 10^4 m^3/d$
黑油山	1 ~ 6.5	85 ~ 110	2.8 ~ 6.8	100	压缩机站 6 台压缩机，额定压力 5MPa，排气 $11.23 \times 10^4 m^3/d$
2001 井组	9.6	410	0.26	46	一台 8K - 80 型压缩机，功率 298kW 柴油机带动压力 8MPa 下排气为 $8m^3/min$，一台四级压缩机由 160kW 电动机带动，压力 96MPa 下排量为 $4m^3/min$，供气能力 $1.73 \times 10^4 m^3/d$

第三节   注采工艺

一、单层注气管柱设计

单层注气管柱(见图 5-8)主要由火驱封隔器、伸缩管、油管组成。封隔器坐封于注入层位顶界，伸缩管位于封隔器上部至少 500m。

二、分层注气管柱设计

针对火烧油层注气井层间渗透率差异较大以及气量分配不均的情况，分层注气管柱应能实现分两层同时注入蒸汽和空气的目的。可将分层注气管柱设计成同心分层注气管柱结构。在注蒸汽和注空气过程中，通过内管可向下层注入蒸汽和空气，通过外管与内管的环空可向上层注入蒸汽和空气。注气过程中，上下两层互不影响。

同心分层注气管柱(见图 5-9)由外管柱和内管柱组成。外管柱由外管、伸缩管、火驱封隔器、带孔的连通装置、密封套和下部的火驱封隔器组成，内管柱则由内管和插入管组成。在注蒸汽和空气过程中，封隔器处于坐封状态，插入管与密封套之间形成动密封，从而使内、外管空间隔离开来。

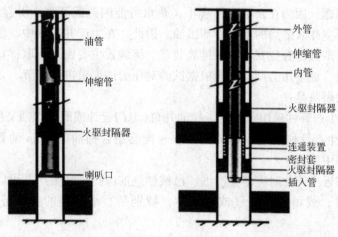

图 5-8　单层注气管柱设计图　　图 5-9　分层注气管柱设计图

考虑辽河油区生产井的射孔特点(基本全外段射开),要将空气注入限制在指定层段中,必须进行以下工作:

(1)在火烧层位下部位置打一个电缆桥塞;

(2)注水泥封堵电缆桥塞以上所有的已射孔井段;

(3)钻灰塞将水泥清除到桥塞顶部;

(4)在空气注入井段重新射孔;

(5)注气管柱下入火驱封隔器和伸缩管,以便保护上部套管。

三、生产井管柱设计

由于火烧油层的大部分油藏属于非固结的或疏松的地层,完井要考虑防砂,但这并不是说所有的火驱生产井都要防砂。采用火驱工艺的生产井初期采出油温度较低,如果是稠油,黏度会很高,可以通过空心抽油杆或双管加注稀释剂,以保证抽油杆顺利下行,改进泵况。

如果产出物中有足够数量的燃烧气体,则有可能由于气体能量而造成自喷,这种多相流动还要受油管和地面管线的总压降影响。井底压力低,不能自喷时就要泵抽,这时要求使用气锚或其他类型的井下气体分离器,以提高泵效。如果可能应使泵尽量下到射孔段下部,以使油套环空可以作为气液分离器。生产井尽量保持低液面,使气体顺利地从环空放出而液体则从油管采出。

套管射孔完井不仅有助于防砂,还可选择性地射开油层,避开夹层、水层,避免层间干扰,有利于注蒸汽时吸汽剖面的调整。另外,由于目前实现了大孔径、高孔密射孔,可以大幅度提高油井产能,弥补了套管射孔完成井产能低的不足,因此目前稠油油藏应用最多的还是套管射孔完井。

胜利油田郑 408 块为常规稠油油藏,且油层胶结疏松,地层出砂严重,为了保证油井正常生产,减少作业次数,油井完井方式选用套管射孔完井。针对裸眼完井先期防砂、近井地带严重堵塞,常规射孔预充填防砂、导流能力差等矛盾突出,研究出了配套的喷砂射孔、高饱和防砂预充填完井技术。

随着燃烧前缘迫近生产井,采出油的温度增高,一般能自喷。不能自喷而需泵抽时可能会出现一些问题，因为在泵吸入行程中，热水可能闪蒸成蒸汽，引起气锁而降低泵效，这时可从油套环空注入适当的水以冷却出油。因此，在生产井完井中，温度测量与控制是非常重要的。生产井套管应安装定压排放装置。该装置主要由测压取样口、放空口和放空压力调节阀组成，放空压力调节阀能根据试验对压力的要求进行调节。

辽河油田的做法是：

（1）捞油井生产管柱采用空井筒＋捞油井口（专门设计成既可捞油又能测气井口）。

（2）抽油井生产管柱采用 $\phi44mm$ 深井泵 ＋ 配套组合抽油杆 ＋ 3in 油管 ＋ 采油井口，泵下带尾管至油层中下部。

燃烧前缘靠近生产井时应停止产油。已被燃烧前缘扫过的生产井可以废弃或用来做流体取样的观察井，或可用作注气或注水井，特别是直线推进的井位分布的情况下更有用些。

四、举升工艺设计

在火驱采油过程中，随着火驱采油时间的推移，空气总注入量增加，火线逐渐从注入井向采油井井底附近推进，油层压力逐渐升高，油层温度逐渐升高，原油黏度逐渐变化，气液比逐渐升高（天然气和尾气）。

由于火驱采油开发方式的特殊性，在选择举升方式时，除了考虑各种举升方式的适用性和影响举升方式的因素外，重点要考虑在火驱采油过程中流体特性和油层参数的变化及长期开采方案和举升方式的安全性。因此推荐火驱采油采用以下举升工艺：

（1）当火驱采油初始油层压力或在火驱采油过程中油层压力回复到具有自喷能力时采用自喷采油方式。

（2）当油井无自喷能力，井筒内温度不超过抽油机深井泵适应的温度时，结合电加热抽油杆，井下掺热油或热水，套管排放尾气，井下抽油管柱加气锚、砂锚和使用沉砂泵等工艺技术采用深井泵举升工艺。

（3）当油井无自喷能力，井筒内温度较高时，气液比较高，井内流体黏度高，油井出砂严重，特别是到火驱采油后期应采用螺杆泵等采油方式。

采油工艺设计应遵循以下原则：

（1）举升系统能满足排量强度要求，保持供排平衡；

（2）生产时尽量减少燃烧气的排放量；

（3）具有参数可调余地；

（4）对气窜特别严重的生产井应关井停产；

（5）对面临燃烧前缘的生产井应从油套环空注冷却水维持油井正常生产。

胜利油田郑408块油藏属于稠油油藏，产液在井筒中流动的阻力较大，影响油井产能的发挥。为了保证开发效果，准备采取两项成熟配套技术进行开采：第一套技术路线是采取射孔、复合防砂，然后利用电加热采油工艺技术；第二套技术路线是采取射孔，下水力喷射排砂采油。通过这两套工艺技术的综合应用，将火烧井的周围停产井全部投产，同时为该块其他长期停产井的恢复生产提供技术储备。

郑408块原有井筒举升方式采用常规有杆泵井筒与水力喷射排砂泵，在火烧驱油试验开发初期起到了较好效果。随着试验的深入开展，火烧驱油生产井油气比逐渐升高，原井筒举升工艺效率低，不能满足生产要求。

针对上述矛盾，采用阀式采油泵和气锚的井筒举升工艺，以提高泵效，主要体现在以下两个方面：

(1)气锚：降低进泵气液比，提高泵效。

(2)阀式泵：两级压缩减少泵筒中气体的影响，提高泵的充满程度。

五、郑408地面注采设备配套

1. 地面注气系统

火烧油层地面注气系统主要由空气压缩机、高压集气装置和高压输气流程3个部分组成，要求空压机组能满足连续注气，地面集输气流程是连接空压机和注气井的通道，其作用是将空压机产生的高压空气安全输送到井口，并通过闸组调控注气速度达到设计要求。

根据注空气的要求和特点建设火烧油层注气站1座，设计规模为95m³/min，单井注气设计规模为60m³/min。注气系统设计压力为25MPa。

2. 空气压缩系统

空气压缩系统包括七级压缩、冷却、分离（50m³/min机组为五级），将空气增压到22～25MPa。温度≤40℃的中压空气进入分离缓冲系统。

3. 空压机冷却供水系统

要求进口最高水温≤33℃，水温过高则冷却水耗量增加，冷却水应是经过处理的中性水，每天需15m³，以减少对压风机系统的损坏。

4. 地面集输气流程

地面集气装置采用撬装结构，各阀组件及高压管件均与撬体牢固焊接，配备有稳压球、放空调压器及高压防爆装置。

其主要技术参数为：①注气压力：25MPa；②最高防爆压力：≥35MPa；③注气速度：≤30m³/min；④防爆片耐温：220℃。

第四节 控火技术

控火技术就是在油层稳定燃烧的基础上控制燃烧速度和燃烧方向时所采取的火烧油层综合调整、控制技术。通过采油井排气量调整、注气井注气量调整和采用引效工艺措施、调整燃烧剖面等技术手段，综合调整、控制地下燃烧状况。控火的实质就是控制地下火线的燃烧方向、控制燃烧速度和控制地层燃烧温度。控火是一个复杂过程。要从制订方案时就考虑控火问题，尽量避免过早火窜、气体外溢、单层突进，低温过火等现象的发生，在实施过程中要反复进行调整，这个过程将伴随整个火烧的生命周期，绝不能待到只出气不产油时再控制。总结国内外火烧油层项目成功和失败的经验发现，控火技术决定了一个项目的成败。比如，许多火烧油层项目因气窜无法控制而停火，因气体外溢无法控制而停火，燃烧层间矛盾突出造成燃烧不均而停火等，这些都是因为控火技术使用不到位造成的，控火问题的重要性在这里单独提出来的目的就是要引起人们的足够重视。

一、控火要从方案着手

一个好的火烧油层项目从制订方案时开始就要全面系统地考虑管火、控火的影响因素，为后续的控火提前做准备。应考虑的主要问题包括：

(1)根据油藏构造、渗透率分布、油层连通情况合理进行布井，选择合适的井距、井网，确定合适的火井、油井类别。对于渗透率较好的块状油层，可以考虑井网布井和行列布井；对于面积较小的透镜体油藏，可以考虑不规则布井等方式。规避油层纵向和平面的差异，以削减控火难度。

(2)火井、油井完井工艺要考虑高温燃烧特点，进行固井，避免由于高温造成套管损坏给控火带来难度；同时考虑油层燃烧所需注入量与采出量要平衡，合理设计井径大小，以满足日后增产、增注的需要；油井要选择合适的举升工艺，解决由于排气造成的气锁和由于火烧原油物性变化影响泵效等问题。

(3)注入设备的选样要和油层压力及油层燃烧所需空气量匹配，还要留有一定的备用设备，以保证设备正常维修、保养和设备应急。

(4)对层间渗透率差异较大的厚油层应考虑分层火烧技术的应用。

(5)对于地层条件下流动性较差或不流动的原油，在油层厚度允许的情况下可以考虑水平井火烧技术(THAI 火烧)的应用。

二、控火要从管火做起

控火工作要从管火做起，在保证油层稳定持续燃烧的基础上进行控制，同时也不能等到火窜无法收拾时才开始考虑。控火要坚持"以防为主、以控为辅、防控结合"的原则，做到注采平衡、动态调整，循环引效、封窜调气，以管火为出发点，做好各项管火工作以达到控火的目的。

三、侧重油层

控火的重点应放在油层上，对于气窜比较严重的油层应在火井、油井上同时做文章，立足于火井封窜和调整火井的火烧削面上，对火窜的油井进行堵火，对见效不好的油井应采取疏导引效措施将火线引导过去。

1. 火井控火

火烧油层是利用空气中的氧气作为助燃剂使油层燃烧。在油层中阻断了空气，燃烧就会停止，或者供给的空气量减少，燃烧速度就会放慢，根据这一原理可以采取以下措施。

1)调整火井注气量进行拉火

火井注气量的大小决定地下火线燃烧速度和地下燃烧体积。由于地层的非均质性，存在燃烧不均、单层突进、单向受效等问题。虽然在设计方案时有一个确定的空气注入量和通风强度，但在实际火烧过程中存在着很大的差异，应根据井组的实际生产情况确定一个最佳的注气量。通过对注气量进行调整找到最佳注气量的过程就是控火过程。根据杜66北块物模研究结果，不同火烧油层阶段的空气注入速度并不是始终不变的，只有空气注入速度达到表5-6的要求，并且保证连续注入空气，才能维持油层持续燃烧。

表5-6 不同火烧油层阶段的空气注入速度

生产时间	燃烧半径/m	注气速度/(m/s)	通风速度/(m/s)	生产时间	燃烧半径/m	注气速度/(m/s)	通风速度/(m/s)
1~10 天	1.25	0.0783	18.1	10~30 天	2.5	0.1515	17.5
1~2 月	5	0.3162	18.3	2~4 月	10	0.5766	16.6
4~12 月	20	1.0296	14.9	1~1.5 年	30	1.4876	14.3
1.5~2.5 年	40	1.9274	13.9	2.5~3.5 年	50	2.34	13.5
3.5~4.5 年	60	2.7254	13.1	4.5~5.5 年	70	3.0836	12.7
5.5~6.5 年	80	3.4146	12.3	6.5~7.5 年	90	3.7184	11.9
7.5~8.5 年	100	3.9949	11.5				

2)向火井注水进行控火

当火烧油层一段时间，地下形成稳定的热场后，在动态调整效果不显著的情况下，通过计算地层余热，可以向地层间断地注入一定量的清水。水注入油层后首先充填到空气经过的流道，与火线接汇后被加热闪蒸形成水蒸气，水蒸气泡在孔道中运移时形成贾敏效应产生堵塞，阻碍了空气的接触，减缓了火线的燃烧速度，起到调整火线和余热利用的作用。这种方法在国外普遍被采用，曙光杜66北块火烧油层项目也采用了该方法，收到了较好的效果。此方法对严重火窜效果不明显，且有效期较短。

3)向火井注入高温泡沫进行控火

注入高温泡沫进行蒸汽驱调制已经在蒸汽驱油藏开发中广泛应用，国内外应用比较广泛的是高温氮气泡沫，高温空气泡沫应用得比较少。采用高温泡沫调整火线效果要比清水调整效果好，原因是泡沫进入地层后就会产生贾敏效应堵塞空气流道，阻碍了燃烧的供氧量，当泡沫运移到火线时遇热破灭产生水和空气，空气中的氧气可以维持火线继续燃烧，而水遇到高温闪蒸再次形成蒸汽又可以起到堵塞作用。

4)采用耐高温固体颗粒封堵火井进行控火

采用耐高温固体颗粒封堵火井高渗透层，调整火井层间渗透性差异，目前已在国内外蒸汽驱井和蒸汽吞吐井中广泛使用，特别是辽河油田应用更为广泛，有很多案例可以借鉴，要求固体颗粒耐温、具有可调整的渗透性。根据油层渗透性要求选择固体颗粒材料，在火井高渗透层的近井地带人为造成一个均匀渗透带（或层）以调整平面和层间渗透性差异。这种方法的好处是可以调整层间渗透率差异，技术关键是如何选择固体颗粒的种类，确定调整后的渗透率及现场施工参数等。辽河油田在杜66北块3口火烧井进行试验，收效很好。

2. 油井控火

1)调整油井排气量控火

油井是火烧油层效益的产出点，也是排气点（火烧烟囱），按照注入产出平衡的总体要求，注入油层多少气量就要采出多少气量。原则上讲，一个井点注气，多个井点均匀采气是比较理想的状态，但实际上很难达到。调整油井排气量控火就是设法让火烧井组周围的产油井都均匀排气，对排气量大的井要进行合理控制，对排气量小的井要设法增加排气量。

2）增加油井产液量控火

一般来说，油井产液不好，火烧效果就不好，火线运移也不好。为达到火线均匀推进的目的，需要在产液不好井的方向疏通油层，诱导地下火线运移方向，可针对油井存在的具体问题采用解堵、降黏、助排等措施以提高油井的产液量，使火井周围的油井均匀产液、均匀排气，达到控火的目的。

蒸汽吞吐引效工艺措施是稠油火烧的重要技术手段之一。蒸汽吞吐引效工艺措施的实施原则是：①井网中受效差的采油井，产出气体量少，实施蒸汽吞吐引效；②构造上相对高部位的采油井优先实施蒸汽吞吐引效；③试验区内产出气体量大幅度降低的中心井实施蒸汽吞吐引效。

3）调整油井工作制度控火

对火线推进速度较快、超过正常设计产液能力方向的油井应下调工作参数，使产液速度降低，控制该方向火线推进速度；对有产液能力、火线推进速度较慢方向的油井应上调工作参数，提高产液速度，诱导火线向该方向运移，进而达到火线均匀推进控火的目的。

反转注气引效工艺技术是重要的技术手段之一，即利用点火技术在采油井实施点火，注入一定量的空气后再下泵转采，以此来调整受效方向。

4）封堵气窜层控火

对于只出气不出油、气窜严重的油井，经过分析能够找到火井与油井对应气窜层位的，可以在油井采取封堵气窜层的办法进行控火。可以采取机械卡封和化学封堵相结合的方法，也可以采用单一方法进行封堵，现场工程师可根据具体情况制定出具体的措施。

四、控火要和火线监测、动态分析结合起来

火烧油层的监测技术是火烧的眼睛，在整个火烧过程中应把监测作为重点工作来做，在方案制订时就制订出监测方案，并按照方案要求时时进行监测。要把监测结果和动态分析结合起来，准确判断出地下燃烧状况和火线推进方向，采取各种手段时时进行动态调整，达到烧好火、控好火的目的。

五、控火的操作原则

控火操作要坚持以下原则：

（1）控火要从方案做起、从管火着手；

（2）控火要以管为主、以控为辅、控管结合；

（3）控火要与监测和动态分析相结合；

（4）控火要先火井、后油井，先地面、后地下；

（5）控火应以"调、控、疏、堵"为手段。

第五节　管火技术

管火的目的是使油层实现稳定、连续的燃烧前缘，尽量避免平面上的单方向突进和纵向上的单层指进现象发生，控制和弥补油藏构造和油层存在的差异，使火烧效果更好。

管火的中心任务是维持稳定的燃烧前缘，使火线均匀推进，尽可能降低空气耗量，尽可能提高体积波及系数和经济效益，尽可能提高火烧油层的原油采收率。管火是整个火烧过程中的重点工作。

一、火线推进影响因素分析

火烧油层项目大多是在已开发的老油田开展，这些老油田处于油田开发的中、后期，油层地下状况十分复杂。在火烧油层现场应用过程中发生单向突进的气窜现象较为普遍，调整和控制燃烧前缘均匀、稳步推进的难度较大。因此，成功实施管火技术显得尤为重要。

一般来说，要从方案设计时就开始考虑，并注意以下几个因素对管火的影响。

1. 地质因素对管火的影响

火烧油层采油技术和其他采油方法一样，要想获得较好的开发效果必须有较好的物质基础。重点要求油层顶、底界盖层封闭性要好，能把燃烧产生的热量控制在油层内，不至于造成热量散失，油层在纵向、横向上的均质程度要高、连通性要好，使火线在推进时不至于产生突进现象，使地下原油全部被驱替出来。油层厚度、深度要适中。油层过厚，由于重力分离作用会产生空气超覆，在纵向上产生燃烧不均现象，地下形成死油区；油层过薄，燃烧速度过快，热量利用率低；油层过浅，地层压实作用差，在火烧中容易出砂，注气强度加大后容易将地层压开造成气体外溢；油层太深，注气设备投入增加，设备运行费用增加，具体操作可参考火烧油层筛选标准进行优选，在选择时尽量避免裂缝油层和气顶油层及密封性较差的油层，渗透率极差较大的油层也会给管火带来极大的困难。

2. 原油物性对管火的影响

从火烧油层原理上分析，原油物性好坏对燃烧影响不大，只要原油能够提供足够的燃料维持地下燃烧，就能满足火烧油层燃烧生热条件，同时常规火烧要求原油在地层条件下具有一定的流动性。热量在地层中的传递不外乎传导、交换、对流、辐射等几种形式，设想在火井、油井间油层内几十米或上百米的孔隙中有无数条不规则的毛细孔道，火烧加热从毛细孔道一端（火井）开始，把几十米或上百米（火井→油井）毛细孔道内的原油驱替出来，要求原油在毛细孔道中具有一定的流动性。原油在地层不流动的油藏火烧会造成严重的气窜现象，给管火带来极大难度。例如超稠油不利于直井火烧，可以考虑水平井火烧短距离驱油技术（国外介绍的 THAI 火烧技术）；高含蜡基原油和高挥发性稀油也不利于火烧。

3. 火烧油层井位、井网对管火的影响

火井、油井位置要根据油藏构造、油层沉积环境和沉积相、上下隔层、渗透性、油层连通情况等因素来选择，根据油层发育情况和单井控制储量设计井距、井同类型。在匹配火井、油井数比例时，要考虑注入能力和采出能力的平衡。

火井位置的选择对火烧油层效果和后期管火影响很大，选择不当会导致火窜、燃烧不均、气体超覆、留有死油区等。一般来说，对于油藏构造比较平缓的单斜、凹陷油藏，火井位置应选择在油层发育比较好、构造位置较低的部位，近似于面积中心比较适宜。这样布置火井使火线从下往上烧，对缓解火线超覆有利。对于倾角比较大的油藏，火井应布置在构造的高部位，这样布井使火线从上往下烧，有利于重力泄油作用的发挥，上部形成的气腔对原油形成弹性驱动作用。在选择火井位置时，总的要求是"高、厚、通、封"，即选择火井时油层渗透率高，火井有效厚度比生产井厚，火井与生产井有好的连通性，油层上下、周围有较好的密封，这样布置火井容易实现一井火烧多井见效，有利于日常的管火工作。

井距大小影响到火烧的见效时间和火烧寿命的长短。井距过小，井间干扰较大，容易造成单方向火窜，给管火造成极大的不便，影响火烧效果。井距过大，井间干扰较小，井组火烧寿命周期较长，但会在地层留有死油区，影响最终采收率。所以井距的选择要适中，既要考虑到原油物性对注采驱替能力的影响，又要考虑到泄油半径以及单井所控制的储量，还要考虑到火烧打井的经济性。井距的选择可以通过数学模拟的方法进行，根据国内外火烧油层的经验，一般较厚油层井距选择 70～100m；较薄油层井距选择 100～200m 为宜。

由于火烧油层采油注入流体的流量比较大，所以它的注入能力与生产井的产出能力比较高，这样就使得火烧油层的生产井与注入井数的比例也高。在布井时除考虑这一因素外，还要考虑油层的非均质性、油层厚度、油层倾角、重力分离、气体超覆、现有井的利用等因素。一般火烧油层所采用的井网有五点法、七点法、九点法、扇形、行列及不规则井网等。对于不均质油层不宜采取行列火烧井网，应该根据渗透率分布情况采用具体井网。在布井时要进行多个方案对比优化，绝不能机械地选择井网类型。在确定井网方位时必须考虑油层产状和各方向的差异性，特别是透镜体产状等地质因素对火烧的影响。

4. 火烧层位对管火的影响

在选择火井火烧层时主要考虑以下几个因素：

(1)火烧井与采油井的连通情况一般考虑纵向、垂向的连通率应大于70%。

(2)单元火烧油层厚度以 3～15m 为宜。若油层厚度很大，可确定为若干个火烧单元，应该考虑分层火烧技术，分层火烧会给管火带来方便。

(3)确定的单元火烧层位应当与其他单元有明显的隔层存在。

(4)火烧层上下要有较好的封闭层，使火线控制在油层内，热量得到充分利用。

(5)对地层倾角比较小的油层，射孔一般应选择油层底部；对于油层倾角比较大的油层，一般应选择油层顶部。为了缓解火线的超覆现象，提高火驱的体积波及系数，一般射开油层底部 1/3～1/2 或者射孔密度由上往下逐渐变密，尤其是对渗透率上下变差较大的油层应该采用限流射孔技术，通过计算确定出射孔密度、孔径、孔深等参数。

5. 火井和油井对管火的影响

火井(注气井)和油井是管火的核心，火井要注入足够的空气保证油层燃烧，火线均匀推进，而油井要保证畅通，排气采油。在点燃油层之后，就要控制空气注入速度，保证通过燃烧前缘单位截面积上的空气流量(即通风强度)在合理范围内。通风强度太小，火线推进速度慢，温度低，油层难以维持燃烧；通风强度过大，空气流度大，推进速度快，使注入气体在油层窜流，会造成气体外溢、火线推进不均、油层连通好的油井过早窜气，以致影响火烧效果。随着火烧时间的推移，燃烧半径逐渐扩大，通风强度也逐渐增加，各火烧区域合适的通风强度需要通过室内物模实验确定，并要通过现场实践进行检验。

油井是火烧效果好坏的验证点，也是火烧油层排出气体的烟囱。在管火过程中，可以简单地认为火烧得越旺烟气越多，油井排出烟气越多燃烧越好。油井管火的中心任务就是要均匀产液、均匀排气。对排出气体较多的油井要加以控制，通过降低排气量控制燃烧速度；对产油量和排气量较少的油井要采取措施进行疏导引效，通过引效将火线诱导过来。油井引效是一个周而复始的过程，将伴随整个火烧的生命周期。

二、管火的原则

通过对火线推进影响因素进行分析，提出火烧油层管火的基本做法：

(1)按照火烧标准选好油藏，确定合理的火烧层位。

(2)根据油藏构造和油层特征，因地制宜布置井网、井距以及选择火井位置。

(3)参照油层压力和注气量确定合适的注气设备，并保证通风强度可调和备用。

(4)加强火井(注气井)的管理，保证均匀、平稳注气，对气窜井应采取暂堵措施。

(5)保持油井畅通，及时排液排气，对排液排气不好的油井要坚持疏导引效措施。

(6)及时监测火井、油井、设备等的各项资料，定期进行分析和调整注采参数。

辽河油田经过多年的矿场实践，提出了火烧油层管火应遵循"注采平衡、动态调整、工艺循环、保障强度"的十六字原则，并且取得了良好的效果。

注采平衡，就是注入和采出平衡，包括两个方面的内容：一方面是指注入能力与生产能力的比例相平衡，这个比例与在火烧油层现场应用过程中所选择的井网布置有关；另一方面是指注气井的注气总量与采油井的产气总量要平衡。

动态调整，就是根据火烧油层应用现场的动态生产数据和生产变化情况适时调整注气井和采油井的运行参数，确保维持燃烧前缘均匀、稳定地推进。如果出现某口生产井产气量变大的现象，可以暂时减少注气量。对于产气量相对大的生产井可以采取降低产液量的做法来降低产量，甚至可以暂时关井。

工艺循环，就是在火烧油层现场应用过程中采取必要的工艺技术措施辅助调整油井受效方向，促进调整燃烧前缘推进方向。由于地质因素和开发历史的影响，燃烧前缘推进方向是在不断变化的，这就是不连续循环使用火烧油层采油辅助工艺技术的原因。例如，见效不明显的井可以采取不定期的引效助排、降黏、解堵等工艺措施。

保障强度，就是保障空气注入强度，维持油层燃烧所需的通风量，保障连续注入空气使油层持续燃烧，保障方案设计的采油强度，这是保障火烧油层技术经济有效的先决条件。

第六节　监测技术

稠油热采井下动态监测技术能够提供热采过程中生产井的各种动态参数，定性、定量地了解各油层的吸气状况，监测注气质量，判断注气效果，为及时了解稠油油藏的开发动态、进行热采方案调整及改善注蒸汽开发效果提供科学依据。因此，稠油热采井下动态监测技术在稠油注汽生产中发挥着至关重要的作用。

一、常规数据监测

在火烧油层过程中，为更好地利用热能，油藏监测十分关键。要充分利用油藏监测数据进行有效分析，准确掌握随时间变化的油藏中的热量分布。油藏监测资料包括：①压力和温度测试数据；②日产量；③注气和产气量数据；④关井时间和情况；⑤所用的添加剂类型和情况。

这些数据必须定期准确地收集，以便及时评价油田的生产动态，从而确定最适合的各种生产方法和增产措施，实现经济、有效地开采油田。

这项工作在先导试验中尤为重要，先导试验的目的就是要通过试验结果来确定一些操作参数的组合或所选的油藏参数是否有效，决定该方法是否可以在油田大规模推广应用。必要时应该在井间打一些布井合理的观察井，作为观察井，井眼的尺寸不需要大，要定期进行压力与温度测试，准确收集这些数据。同时要监测燃烧前缘的运移情况。

在稠油热采开发过程中，录取热采井的温度、压力资料已成为生产设计的一个必要手段。稠油黏度高，存在一个敏感温度点，监测生产过程中的油层温度、压力的变化，有助于分析油层供液规律，优化设计举升参数，提高周期采油量。主要的温度、压力测试仪器见表5-7。

表5-7 高温高压测试仪器技术参数表

工具	技术指标			
	外形尺寸	测量范围	测量精度	工具条件
RPG-3 高温井下压力计	ϕ31.8×1980	0~34.4MPa	±0.2%	≤29.4MPa
RPG-3 高温井下温度计	ϕ31.8×1980	230~370℃	±2℃	
L-GSY 高温双参数测试仪	ϕ36×1800	温度60~380℃	温度：±5%	
	ϕ45×1800	压力0.5~35MPa	压力：±5%	
高温长效电子压力计	ϕ68×2050	温度60~380℃	温度：±1%	杜瓦瓶：环境温度200℃，温升≤150℃，压力传感器温度范围0~175℃
		压力0.5~35MPa	压力：±0.1%	

美国的 RPG-3 型温度计与压力计已大量应用于稠油油田的温度、压力测试，新疆克拉玛依油田年测试量在1000井次以上，针对辽河、胜利油田的探井，应用该温度计与压力计也获得了较好的资料。

高温长效电子压力计是辽河油田研制的，已获得国家专利。该仪器可以实现稠油、超稠油井采油生产阶段全周期的监测，对油井动态资料录取、油藏动态分析和指导现场施工都有一定的指导意义。

我国稠油热采动态监测配套技术已经基本形成，特别是过油管监测技术已经基本成熟。但是，稠油热采动态监测技术仍处于发展时期，不仅现有的测试技术和测试工艺需要进一步改进、完善和提高，还需要发展更多的高新技术，热采井高温过环空产出剖面测试技术就是一个需要研究的课题。随着科学技术的发展，稠油热采动态监测技术将会不断进步，在稠油生产中将发挥越来越重要的作用。

二、燃烧前缘监测

为实现最佳效果，确定火线位置的方法有计算方法、综合分析方法和直接测试法三类，其中直接测试法包括热电偶测温法、红外照相法、地球物理电测法、磁法、电位法和地震法等。

1. 计算方法

利用不稳定试井、物质平衡和能量守恒的方法均可以计算燃烧前缘的位置。但是由于油藏的非均质性影响，除物质平衡法以外，其他单纯通过计算来分析火线位置的方法都不是很理想。

物质平衡法的计算原理如图 5-10 所示：由于油层的不均匀性，油层燃烧过程中藿香的径向距离各异，因此需按某一油井方向的动态资料分别计算。

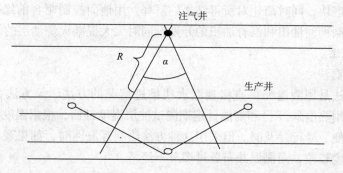

图 5-10　火线计算示意图

按燃烧反应的物质平衡关系推导，某一油井方向的火线位置方程为：

$$R = \sqrt{\frac{360 Q_{分} Y}{\pi \alpha H A}} \qquad (5-9)$$

式中　　R——火线位置，m；

$Q_{分}$——各油井方向的分配气量，m^3；

α——各油井方向的分配角，(°)；

Y——各油井方向的氧利用率，小数；

H——各方向油层的平均厚度，m；

A——燃烧单位体积油层的空气耗量，m^3/m^3。

H 值可用下式确定：

$$H = \left(\frac{1}{3} h_k - \frac{2}{3} h\right) \rho \qquad (5-10)$$

式中　　h_k——注气井油层有效厚度，m；

h——生产井油层有效厚度，m；

ρ——垂直燃烧率，小数（按现场资料取 0.7）。

燃烧率 A 值由物模实验提供。只要各项参数准确，本方法计算结果是可行的，误差在 ±5% 左右。

2. 综合分析方法

在油层燃烧过程中，利用综合动态分析方法来判断火线位置，是根据火线在不同位置时生产井的井底温度，油、气、水的产量及其性质的变化规律，与现场正常见火井获得的变化规律进行对比分析，来确定火线的位置。

根据现场正常见火井的规律将火烧油层燃烧过程分为 5 个阶段：燃烧初期、油井见效阶段、热效驱油阶段、油井高温生产期、油井见火阶段。

根据油层燃烧过程中表示油井变化特征的动态参数指标，可以粗略地分析并确定火线的位置。同时，根据油层燃烧动态参数可调节控制注气量和采取各种合理的措施。

综合采用物质平衡法与油井综合动态分析法确定火线位置，是目前行之有效的方法。

在用火烧油层开发稠油油田和沥青油田过程中，燃烧前缘的位置、前缘推进速度、地层中所发生的物理化学反应以及井的开发动态是主要受控参数。它们是通过监测井的热动力规律以及对产出原油、地层水以及伴生气进行物理化学分析而获得的。

控制热前缘位置及前缘的推进是十分困难的，因而有必要研究一些控制方法，以最少的花费监测最大区块，同时简化对所得结果的解释。用地面控制驱替前缘推进的方法，能及时采取措施控制稠油油田和沥青油田的开发，同时大大提高火烧油层的效率。

3. 直接测试法

1）热电偶测温法

热电偶测温法是用测温元件直接观测火线推进情况的方法。该方法是在试验区观察井、生产井内采用热电偶（阻）和高温计定期测试油层温度剖面，根据温度变化来判断火线位置，优点是简便、易行、及时。但采用这种方法绘制等温网时，如果观测点不够，需用插值计算，准确度较差，而测温井布置过多又不经济。

2）红外线照相法

红外线照相法是利用油层刚开始燃烧产生的热以"电磁能"形式穿过覆盖岩层放射到地表被胶片感光的原理，采用 $8 \sim 14 \mu m$ 波长的红外照相设备在火烧试验区内流动地观测火线位置。这种方法可获得连续测点的温度图，是一种可获得油层燃烧过程中引起的任何温度差异的理想方法，但它受到上覆盖岩层导热性差的影响，深度越深，影响越大。因此，红外照相法确定火线只适用于 100m 以内的浅层。

3）地球物理电测法

地球物理电测法是根据地层在燃烧前和燃烧后对地球物理测量的反应结果有差别的原理来确定火线位置。有两种方法：

（1）电极法（对称四级法及三级法）。也称电阻探测法，这种方法适用于 100m 以内的浅层。

（2）井筒供电法。这种方法是用注、采井的套管作为供电电极，并在其间进行电位梯度的观测。

4）磁法监测技术

（1）磁法的原理和方法。

磁法勘探是物探方法中最古老的一种。17 世纪中叶，瑞典人利用磁罗盘直接找磁铁矿。1879 年，塔伦（R. Thaln）制造了简单的磁力仪，磁法才正式用于生产。1915 年，施密特（A. SchmidI）发明了石英刃口磁力仪，磁法开始大规模用于找矿，以及在小面积上研究地质构造。第二次世界大战后，航空磁法得到推广使用，人们可以快速而经济地测出大面积的磁场分布，磁法开始用于研究大地构造及解决地质填图中的一些问题。中国于1936年在攀枝花、易门、水城等地开始了试验性的磁法勘探，到1950年以后才大规模开展起来。

磁法勘探可用于地质调查的各个阶段。在地质填图时，磁法勘探可以划分沉积岩、喷出岩、基性岩、超基性岩及变质岩的分布范围，可以研究沉积岩下面的基底构造，查明各种控制成矿的构造，如深大断裂和火山口等。在普查找矿时，磁法勘探可用来直接寻找磁铁矿床，并可与其他物探方法配合间接寻找或预测石油、天然气、煤、铜、铝、镍和其他金属、金刚石等。在采用磁法勘探磁铁矿床时，结合钻探资料，可以推定矿体的形状，指导正确布置钻孔和寻找钻孔旁侧及深部的盲矿体。此外，磁法勘探还可用于研究深部地质构造和解决其他地质问题，以及应用于考古学等方面。

磁法勘探用的仪器有磁秤、磁通门磁力仪及质子旋进磁力仪。高精度磁测工作用光泵磁力仪以及超导磁力仪。

磁法勘探可在地面（地面磁法）、空中（航空磁法）、海洋（海洋磁法）和钻孔中（井中磁法）进行，在地面磁法勘探中，一般是布置一系列平行等距的测线，垂直于被寻找对象（例如矿体）的走向，在每条测线上按一定距离设置测点，在测点上测量地磁场垂直分量的相对值，测线距与测点距之比从10∶1到1∶1。在航空及海洋磁法勘探中，飞机或观测船沿预先设计好的航线行进（用导航仪控制），用航空或海洋磁力仪自动记录总磁场强度。

无论是地面磁法还是航空磁法，测量点间的距离要小于所要找的异常的宽。例如，石油勘探用航空磁法找大片磁异常，航测的线距是1～5km，飞行高度0.3～11km；在金属矿区，线距要小一些，有时小于100m（见航空地球物理勘探、海洋地球物理勘探、地下地球物理勘探）。

（2）磁法监测实例。

前苏联在20世纪80年代就对稠油油田和沥青油田的先导试验区进行了磁法监测和电法监测。目前，这两种方法与已存在的方法互相补充，达到了控制的目的。

在Tatarsran共和国境内，稠油油藏和沥青油藏分布仅限于南都的部分地区，沥青的地质储量估计为$70 \times 10^8 t$。聚集程度不同的沥青油藏分布在3个主要地区，即Sak-marsky，Uyimaky和Kazansky。在这3个地区的地质分布情况分别是2.0%、34.0%、64.0%。

前苏联对一组累积地质储量为$740 \times 10^4 t$的油田进行了深入研究并准备进行半工业化开发。这些油田为砂岩油藏，原始地层温度为7～8℃，压力为0.4～0.5MPa，烃密度为900～965kg/m³。

1978年前苏联开始在Mordovo-Karmalskoyc油藏进行沥青开采的先导性试验研究。该地区沥青油藏位于二叠系构造，主要限于Ufimsky时期的Sheshminsky段。上层为沥青饱和的砂岩和粉砂泥质，以Nizhnckamsky骇期6～14m厚的泥质层为界；下层以泥质为界；中间为石灰岩和砂岩夹层。上部油藏成带状分布在64～135m深度处。

油砂厚度从0～37m不等，平均厚度27m。上层10～12m完全饱和并具有较高的滤失性能。这部分地层胶结疏松（沥青抽出后岩心就散了）。下层为致密的钙质砂岩，厚度22m。出砂层孔隙度为12%～18%，渗透率为0.1～0.5μm²。碳酸岩含量为0.80%～55%不等，沥青含量为0.2%～17.5%。根据沥青的工业储量估算，砂岩的加权厚度为

10.83m, 饱和度为5%甚至更高。

　　沥青中含有一些溶解气体(主要为甲烷)。沥青的密度从 961~996kg/m³ 不等。黏度为 100~5400mPa·s, 平均黏度为3000mPa·s。

　　油田用热驱开采(主要用火烧油层开采, 占80%; 局部地区也用蒸汽吞吐、蒸汽一天然气驱和低温氧化作用法开采)。采用反七点井网法布井, 注入井和生产井间的井距为100m。

　　热力采油所发生的岩石磁性的变化及地层中的电化学反应过程是监控的基础。

　　最初, 饱和沥青地层的岩石实际上不带磁性。因为石英、方解石、长石、石膏等成岩矿物是抗磁性物质, 它们不会明显影响岩石的磁性。此外, 岩石中所含液体水和烃类也是抗磁性物质。但是, 含铁矿物是个例外, 它们具有铁磁性。地层中铁矿物的含量高达 20%。不过铁在沥青地层中是含在微量磁性物质(黄铁矿、褐铁矿、菱铁矿)中的因而地层的磁性(剩余磁化强度 I 和磁化率 K)很小。

　　地层中出现燃烧源后, 含铁矿物就开始发生物理化学变化。在温度达到 250~600℃ 时, 由于物质的热变质作用, 地层中的大部分铁矿物转变成磁性很强的矿物磁铁矿, 随后温度进一步升高(600~800℃), 所生成的磁铁矿又转变成赤铁矿, 它是铁在高温氧化作用下的最终产物。赤铁矿的磁性参数比磁铁矿的磁性参数稍低, 但是比原始地层矿物——黄铁矿、褐铁矿和菱铁矿的磁性参数要高。

　　相应于铁矿物变质作用的程度, 岩石的磁性会完全发生变化。表 5-8 是在实验室测得的不同受热强度下的岩样磁性结果。

表 5-8　热采过程中磁性变化

油田, 井	样号	温度/℃	磁化强度/(A/m)	剩余磁化强度/(A/m)
Klinskoye, 418 井	94	未加热	29.4	5.4
	99		28.2	7.7
	94	200	32.5	30.3
	95	300	28.8	41.8
	95	400	188.8	533.4
	99	500	99.4	655.6
	92	600	66.2	653.1
	97	700	52.7	454.7
	97	800	51.8	400.0
Sbegurchinakoye, 619 井	74	未加热	22.7	4.6
	74	250	22.2	40.4
	74	350	83.2	419.3
	74	500	89.3	598.4
	72	600	400	1265
	72	700	87.9	715
	72	800	107.8	393.2

续表

油田，井	样号	温度/℃	磁化强度/(A/m)	剩余磁化强度/(A/m)
Mordovo－Karamalskoye，283 井	5	未加热	70.1	
	16	250	226	
	16	400	202	
	5	600	620	

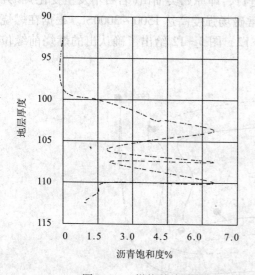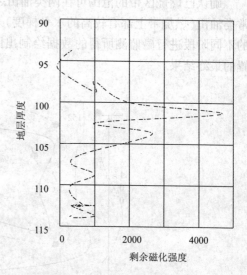

图 5－11　燃烧前缘移动后沥青饱和度及剩余磁化强度随地层厚度变化图

从以上数据可以看出，岩石的磁性从 250~300℃开始明显增加，而且在这个温度范围内剩余磁化强度比磁化率增加得快。在温度为 500~600℃时，原始铁矿物完全转变成磁铁矿，此时 I 值、K 值最大。最后，在温度高达 700~800℃时，由于生成的磁铁矿转变成赤铁矿(它的磁性稍低些)，I 值、K 值会有所降低，

在油藏条件下，燃烧岩石的磁性明显高于实验室岩样的磁性，这是由于介质(它导致铁矿物更深度的变质作用)的加热和冷却过程更长一些。

图 5－11 是 Mordovo－Karmalskoye 油田 445a 井燃烧带岩心磁化率 K 的测定结果，燃烧带 K 值最大达到 7600×10^{-5}，而未燃烧地层的 K 值为 10×10^{-5}~15×10^{-5}。从图 5－11 中也可以看出残余沥青饱和度随沥青厚度的变化，表明燃烧前缘在最大 K 值层段通过。

在烧油层过程中，在注入井附近形成不同温度分布的区块，每个区块有自己的磁性参数，这些区块是：

Ⅰ区——指不受热力采油影响的地层，它具有原始地层磁性；

Ⅱ区——与燃烧前缘带宽度一致，在高温影响下完全失去磁性；

Ⅲ区——指具有较高磁性的燃烧岩石带，重新在现代地磁场条件下获得磁性；

Ⅳ区——半径在 3~4m 范围内，因套管受到磁场的磁化作用而具有较高磁性的燃烧岩石带。

火烧油层开采过程中，这几个具有不同磁场的区带的规模大小和形状是变化的。

　　油层开始燃烧前，可从磁场局部异常情况确定套管的位置；燃烧开始，岩石受热后失去磁性，表现为燃烧前缘上部磁场强度略有降低，在从注入井开始的驱替前缘向前进的同时已烧过的区带开始冷却，这时，注入井附近的岩石被套管磁场磁化，而远离注入井区的岩石被地磁场磁化。随着燃烧的进一步进行，燃烧过的过磁化区的大小会明显增大。

　　实际上，从 1984 年开始在 Mordovo – Karmalskoye 沥青油田就进行了先导性试验，用量子力学磁力仪对确定的观察体系进行监测，观察燃烧带上部的磁场。

　　考虑到燃烧前缘的推进速度(15~20m/a)，5~6 个月进行一次小规模的磁场测试。

　　确认已燃烧区带的范围可在两类油田之间进行，即原始类油田(岩石不发生变化)和异常类油田(燃烧带上部有较高的水平梯度)。异常磁场强度高达 1500~3000SI。根据在燃烧的不同阶段进行磁监测所得的数据绘制出图 5－12，图 5－12 给出了确认出的燃烧前缘位置的最终结果。

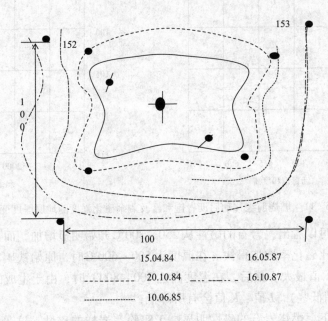

—— 15.04.84	—— 16.05.87
—·— 20.10.84	······ 16.10.87
-------- 10.06.85	

图 5－12　油田 464 井燃烧前缘变化

　　1979 年 9 月，在 Mordovo – Karmalskoye 油田 464 井进行火烧油层开采。随后钻开第一井排 465、466、467、468 生产井和第二井排 152、153、160、161 生产井进行小规模试验。

　　小规模试验表明燃烧前缘移动十分缓慢。465 井燃烧 20 个月后见到 96℃热产物。467、468 井 4 年后见到热产物。466 井 5 年后见到热产物。

　　根据热监测结果确定燃烧带的位置，然后在已燃烧过的区带钻 465a 和 466a 取心评价井，其目的是研究地层已燃烧区带的特性。从图 5－12 中可以看出 464 井剖面上残余沥青饱和度的分布，燃烧过的地层厚度为 12m。

　　井组测定数据(表明观察井中燃烧前缘瞬间变化)与根据磁场调查确定的燃烧前缘位置结果吻合，在接近燃烧前缘处的最大井温高达 700℃。

　　利用磁法监测监控火烧油层方法适用于生产合理、花费低的油田，所获得的资料完全，优于传统控制方法，并能更有效地控制开发过程。但是，不同的工业噪声严重影响着磁监测结果的有效程度，同时金属物质、管线、运输方式以及其他因素也会对监测结果产生影响。由这些因素影响而产生的磁场使磁场监测及对其结果的解释更加复杂化。为了降低测定磁场时工业噪声的影响，要采用一些特殊工艺以及新的磁场监测方法。

5）电位法监测技术

早在 20 世纪 70 年代末，电位法测试技术就开始在油田开发中应用。如美国能源部的桑弟亚实验室应用该技术测定大型水力压裂裂缝方位。80 年代初，我国在充分调研国内外有关资料的基础上，也开展了这方面的研究工作，即采用充电法测定油井压裂裂缝方位。在该技术的推广实践中，结合生产的实际需要，又开展了电位法测定注水井注水推进方位和煤层气井裂缝方位测定的研究与推广工作，取得了显著的地质效果。

电位法测试技术的适用范围广，不仅适用于陆地和水域、直井和斜井，而且还适用于油田开发中的边界油藏。该技术已得到油藏工程师的普遍重视，近几年来先后在国内几大油田及煤层气探测区得到大力推广，现场测试达 300 多井次，测试结果与动态分析符合率较高。

（1）电位法的原理及特点。

电位法井间监测技术是以传导类电法勘测的基本理论为依据，通过测量注入目的层的高电离能量的工作液所引起的地面电场变化来达到解释、推断目的层段有关参数的目的。

在测量工作中，测量电极分布在以被测井井口为圆心呈放射状分布的测量环上，而测量环与被测井井口之间又有一定的距离，故测试资料与通常井点测试资料所反映的信息相比具有井间监测的含义。目前，电位法井间监测技术已形成一定规模的工业化推广应用。

该技术具有很多特点，如测试工作全部在地面进行，操作简单，劳动强度低，不影响生产，测试结果与动态分析符合率高（达 80% 以上）。测试资料易于解释，见效快，有利于及时指导开发方案的调整等。

在油田开发中，电位法监测技术起到以下作用：

①确定注水井注水推进方位，定性解释注水波及范围。

②测定人工压裂裂缝方位和几何形状，确定区块主应力方向。

③评价开发调整措施的有效程度，监测调剖施工过程，指导施工工艺参数，验证调剖效果。

④确定断层封闭性，结合其他测试资料核实断层。

⑤综合分析测试结果与动、静态资料，定性地确定剩余油分布范围。

实际上，地层本身的电化学场在燃烧前后是有变化的。稠油油田的地层水中含有微量矿化物，偏碱性（pH = 8 ~ 11）。在火烧油层过程中，地层水中的酸性物质如 CO_2 和 H_2S 的含量明显增加。pH 值降到 4 ~ 6，可导致电化学场明显变化，这种变化可以在地面通过测量电位观察到，从而可以监测火烧油层的燃烧前缘。根据这个原理，不必注入目的层的带高电离能量的工作液也可以监测燃烧前缘。

（2）电位法监测火烧油层前缘的应用实例。

电化学电场是由于采用热力增产措施而产生的，它是控制热驱前缘推进的电化学方法的基础。沥青油田的地层水中含有微量矿化物，偏碱性（pH = 8 ~ 11）。在火烧油层过程中，地层水中的矿化物明显增加，地层水中的酸性物质如 CO_2 和 H_2S 的含量增加，pH 值降到 4 ~ 6。

岩石中的黄铁矿与燃烧带的地层水发生氧化还原反应会产生稳定的电场(该电场可用特殊仪器从地面测出)。该电场的强度大小取决于油藏受热程度及埋藏深度。

在 Mordove – Karmalskoyc 油田火烧油层过程中，电场势异常值达 80 ~ 100mV。根据 1990 年 8 月 15 日的调查结果，该油田已形成足够均匀的电场势。362 井附近的燃烧带正异常电场势达 20 ~ 30mV。

在该油田 379 井蒸汽驱后进行了电位法测定(1992 年 7 月 10 日)。受热最大地区表现出区域异常并确定出地层热推进的主要方向，异常区的面积和异常强度进一步增大。这种异常现象的出现与 362 井相邻的油层燃烧有关，这表明该开发层的燃烧范围扩大了。

在 379 井利用抽油机泵抽了一个星期后，最后一次测定了该地区的电场势，电场势变化图中异常区域的特性证实火烧油层与蒸汽驱之间存在着联系，正异常现象明显向 379 井方向变动，显然这是受热液体向抽油泵移动的缘故。

根据 1988 年 5 月 15 日调查的结果绘制了 464 井电场势等值图，该结果与磁场调查的结果吻合。

分析 464 井电场势等值图可以看出在靠近 464 注入井中心区，电动势降低(0 ~ 40mV)。该地区岩石的热作用不强，因为在开发过程中岩石燃烧、冷却并逐渐被地层水侵入，电场势增加到 60 ~ 70mV 的区是指热反应及与其有关的电化学反应增加区，与热驱前缘不同，该区域范围扩大。因为受热，地层水的组成是变化的，所以电场势较高地区与根据磁场调查而确定的燃烧带不吻合。但是，这两种测试方法的结果之间有明显的联系。电场势最大(80 ~ 100mV)的区域电化学反应进行得更强烈，因此它也是温度最高区。同等温度下，该地区黄铁矿含量的增加会引起电场势值出现偏差。黄铁矿含量的增加值要根据地层中黄铁矿厚度及面积分布资料来确定。

总之，通过在试验区进行周期性的磁场和电场研究，另钻几口注入井进行火烧油层，并采取措施防止燃烧前缘在生产井突破，就能明显增加火烧油层的扫油效率。

在 Mordovo – Karmalskoye 油田进行的先导性试验研究结果表明，磁法和电位法在监测火烧油层前缘动态上都十分有效。

电位法原理简单，能够十分直观地对监测数据进行分析。但是这种方法的测量信号受地面电力设备和电子设施的影响，特别是在地层较深的情况下，传递到地面的电位信号会大幅度衰减，影响对地下情况的掌握。

6) 微地震监测技术

微地震监测技术是通过观测、分析生产活动中所产生的微小地震事件来监测对生产活动的影响、效果及地下状态的地球物理技术，其理论基础是声发射学和地震学。与地震勘探相反，微地震监测中震源的位置、发震时刻、震源强度都是未知的，确定这些因素恰恰是微地震监测的首要任务。

(1) 微地震技术发展概况。

地震实际上是地球介质的一种声发射现象。岩石变形时，局部地区应力集中，可能会发生突然的破坏，从而向周围发射出弹性波，这就是岩石的声发射现象(陈阴等，1984)。20 世纪 50 年代初，人们对岩石的声发射现象做了大量的实验室观测和系统的理论研究，由于天然地震是一种巨大的自然灾害，长期以来，人们一直在探索天然地震的预报方法，但至今仍在努力之中，岩石声发射的研究就是努力的一个方向。

工业中的地震勘探方法，无论是反射波法、折射波法，还是井间地震等，都是利用人工激发的地震波来研究地球浅层结构，寻找各种矿藏或解决工程地质问题。人工激发地震波不仅耗费大量资金和时间，还会破坏环境。有时因各种地表和环境的限制会使地震勘探无法实施。因此，人们很早就设想利用普遍存在的微弱天然地震实现工业地震勘探，并在70年代初（或更早）就进行过野外试验（llaskir 等，1974），然而直到今天也没有进展。

在油气田开发工程中，如油气采出、注水、注气、水力压裂作业等都会诱发地震，这种现象一直受到人们的关注，早在1926年，Pratt 和 Jobnson 就发表了关下美国得克萨斯州的 Goosc Grcck 油田在1917～1925年间因采油而引起地面下陷并诱发地震的报道。此后，陆续发表了一些类似的论文。P. Scgall（1989）对这些报道进行了综合研究，并提出了自己的理论。20世纪80～90年代，我国的地震学者也报道了几例油气田注水诱发地震的实例（刁桂芋等，1982；刁守中，1989；赵根模等，1990，程式等，1992），并展开了理论研究（刁守中等，1990；刘元生等，2000）。这类诱生地震的发现，自然引发人们利用诱发地震的思想。

20世纪70年代末之前，石油工业中对地震监测方法的探索除了理论研究外，主要在寻找适合于诱生微震特点的观测方法。

早在20世纪20年代，人们就注意到油气田在采出油气时会引起地震，后来发现在注水、注气驱油，蒸汽驱等热驱作业过程中都会诱生地震。利用诱生地震对水力压裂进行监测和裂缝成像方法的成功，鼓舞人们将地震监测技术推广到油气田开发方面。

微地震监测主要包括数据采集、震源成像和精细反演等几个关键步骤。归纳起来，微地震监测有以下几个方面的应用：储层压裂监测；油藏动态监测；识别可能引起储层分区或充当过早见水流动通道的断层或大裂缝，描述断层的封堵性能；对于以裂缝为主的储层，微地震事件也可以作为位于储层内部的有效纵波和横波震源，用于速度成像和横波各向异性分析，对裂缝性储层有关的流动各向异性进行成像；对微地震波形和震源机制的研究，可提供有关油藏内部变形机制、传导性裂缝和再活动断裂构造形态的信息，以及流体流动的分布和压力缘的移动情况；将微地震监测和其他井中地震技术和反射地震技术结合起来，可提供功能强大的常规预测，大大降低储层监测的周期和费用。

（2）热驱诱生微震原理。

蒸汽驱和火烧油层是对储油层加热以提高石油产缝和采率的方法。蒸汽驱是向储油层内注入高温高压水蒸气，储油层可被加热到300℃以上，压力也比储层原始压力高许多。

火烧油层过程中储层形成不同的区域，即燃烧区、燃烧后区、燃烧前区和保持原状的区域。各区的温度、孔隙流体成分及饱和度有明显不同（Greaves 等，1987）。燃烧区是正在燃烧的区域，重烃和最稳定的烃都被最大氧化，区内温度最高可达500℃以上。燃烧产生的烟道气不仅充满燃烧区储层孔隙，还弥漫在燃烧前区和燃烧后区。燃烧后区剩下燃烧后的储层骨架，疏松而"清洁"，孔隙中无液体存在，该区温度也非常高，并且具备高含气饱和度、干孔隙、低密度的特点。此外，该区内纵波速度减少5%～30%，密度降低10%左右（Jreaves 等，1987；Bregman 等，1989）。燃烧前区位于燃烧区和保持储层原状的区域之间，区内温度很高，但低于燃烧区温度。燃烧区内生成的烟道气、水蒸气及注入气体被挤压到该区，孔隙流体中包括液态原油、气态烃在内的各种流体以及水和水蒸气等各种成分，饱和度各不相同。

温度与地震的关系在天然地震研究中占有重要地位。与石油热驱诱生地震的震源物理问题相关的岩石热力学性质主要有：①岩石导热性很差；②岩石热膨胀可产生热应力；③岩石温度升高时强度降低。

因岩石的导热性差，热驱过程中储油层中被加热区的热量就不易传导出去，而由于岩石热膨胀产生热应力，并因加热区的岩石受周围岩体约束而不能自由膨胀，使周围岩体受到压力，因此产生剪应力。当膨胀和约束不均匀时（实际地层往往如此），就会产生更强的剪应力。另一方面，地层处于构造力的作用下，加热区突出的狭窄边缘部分会出现剪应力集中现象，加热区越长越高，突出部分越细越窄，应力越集中（郭增建等，1979）。

此外，岩石温度升高会使摩擦力降低。虽然在500℃以下（蒸汽驱温度通常在此范围）温度每升高100℃，摩擦力仅下降2%~3%。然而蒸汽驱的高温区温度会升高200℃左右，火烧油层过程中高温区温度高达500℃以上，此时温度每升高100℃摩擦力会降低20%（郭增建等，1979）。所以，油气热驱过程中温度升高对摩擦力的影响是不可忽略的。加上温度升高使岩石强度降低，这些因素都会使高温区及其接触面附近的岩体易于发生破裂，从而产生微震。

（3）油气开采诱生微震的特点。

油气开采诱生微震的特点与水力压裂诱生微震的特点有所不同，这对仪器设计、数据采集方法设计、微震数据处理方法研究以及资料解释工作都是重要的。

①微震强度、波形和频谱。

油气开采诱生微震强度的变化范围很大，强的高达4.2级，弱的低于2.5级。一般油气开采诱生微震大多是负若干级。研究表明，这些微震都是油田开采所引起的。Valhall油田微震较弱，每个微震对应的剪切位移约为2~3mm，对应裂缝面积达零点几平方米。除极少数较强微震外，一般微震很难传到地面。

油气田开发活动诱生的地震波被实际利用的是体波，包括纵波和横波。按波的传播路径来分，有直达波、反射波、地震折射波等。一般来说，直达波包括从微震震源发出，没穿过任何岩层界面，直接被接收到的波；也包括从震源发出，穿过若干岩层界面到达检波器的透射波。前者要求震源和接收点须在同一地层内，条件严格，因此数量很少；后者数量很多，二者难以区分。图5-13所示是1995年Deflande等在法国巴黎盆地Germigny-Sous-Coulombs做的一次现场试验得到的一个由三分量检波器接收到的采气诱生微震。也曾观测到过地震反射波（Phillips等，1996）。从理论上讲，地震折射波、导波等类型的波也是存在的，但迄今未见报道，可能是因为某些波能量较弱而融入背景噪声中，也可能被误当作直达波而没能被识别出来。

总的来看，油气采出诱生微震的频谱应该与水力压裂诱生微震一样，在100~1500Hz范围内。也有文献指出频率可达数千赫兹（Maxwell等，2001）。事实上以目前的技术装备，对如此高频率的微震能量是记录不到的。

②微震的空间分布。

诱生微震的发震区绝大部分位于储层正上方的上覆层或储层正下方的地层里，储层内部很少发生微震。地层越浅发震越少，然而更浅地层里的每个微震可能引起更大的剪切位移。

③发震率。

油气采出诱生微震发生的次数取决于岩石强度及储存在岩石中的能量，具体表现与储层物性、岩性及上下地层的岩石性质有关，与储层压力变化等也有关。实际记录到的微震不仅决定于发震率，而且与微震观测系统即监测井位置及井中检波器布置密切相关。文献分析指出，小的微震的发震率是较高的，而大的微震是很少的，如 Wilm-ington 油田在 1947~1955 年间因油田开采引发的 $M=2.4~3.3$ 的地震仅有 6 次。图 5-14 列出了几个油田油气采出诱生微震的发震率。

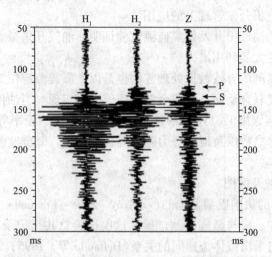

图 5-13　三分量检波器记录的采气诱生微震实例

表 5-9　油气采出诱生微震的发震率

地区	时间/年	检测天数/d	微震总数/次	发震率/（次/d）	监测井和井中检波器数	文献来源	备注
美国 Clinton76 号油田	1995	161	3200	20	2 口井，3 个	Phillips 等，1996	53% 微震可靠定位
法国 Germingny-Sous-Coulombs 天然气储层	1991	105	27	0.26	1 口井，3 个	Deflandc 等，1995	微震全部定位
北海 Valhall 油田	1988	57	572	10	1 口井，5 个	Kristainsen 等，2000	57% 微震可靠定位
北海 Ekofisk 油田	1997	19	2000	100	1 口井	Maxwell 等，1998	

④数据采集方法概述。

鉴于油气采出诱生微震具有频率高（高频达数千赫兹）、振幅小的特点，对数据采集方法和仪器都有一定要求。

数据采集方法都采用井中观测的方式，将三分量检波器串布置在储层及其上下不远的地层里。检波器固定有两种方式：一种是短期观测（几天或几个月），采用支撑膊将检波器推靠在井壁上，但与井壁耦合的要求比常规 VSP 要严格得多，以免生成寄生偕振，妨碍高频成分的记录；另一种是长期观测，要将永久性检波器在固井时胶结在井壁里，或将检波器设法固定在套管内壁上，然后将井下检波器用测井电缆与地面记录仪器和处理系统连接起来，微震记录要求连续记录。

井中检波器不要求等间隔分布，但在设计时应尽量使检波器布置在能避开地震折射波的位置。

⑤微震监测在油气田开发管理上的应用。

世界各地已完成的油气田开发微震监测试验证明，油气开采微震监测资料对油气田开发管理有重要价值和巨大的利用潜力。

油气田开发微震监测的有效数据处理方法也是以微震震源定位为基础的，可通过极化分析方法、震源—速度联合反演方法或全波反演等方法实现。当油田上有足够多的微震监测井和足够高的检波器密度时，还可根据对地震图的振幅、频率等特征的分析，获得震级、应力降、地震矩等参数以及地层应力张量等各种信息。微震监测在油气田开发管理上主要用于以下各方面。

a. 绘制流体流动波及区图。

1991 年 10 月开始的法国巴黎盆地的（ermigny – Sous – Coulombs 天然气储层）的微震监测可能是世界上首次注、采与微震监测试验。这次试验总共只记录到 27 次微震，确立了诱生微震的发生时间与采出液体流速间的关系（Deflande 等，1995）。

b. 断层作用。

油气田注水或采油时诱发的微震总是优先发生在原有断层上，因此确定微震的震源位置便可知道断层位置。采用微震监测后对断层做图可检测出垂直断距很小或平移的断层，也可做出被气云遮掩的断层图。这是因为微震监测的观测点布置在储层附近，受气云影响甚小，而常规 P 波地震资料因气云影响无法"看清"构造形态，更不用说揭示小断层情况了。

c. 在预防油井套管损坏、延长油井寿命方面的应用。

油气田投产后，随着油气采出，储层被压实、地层下陷，导致油井套管变形甚至被切断，这是每个油田迟早都会发生的事，只是严重程度不同而已。虽然油井变形损坏最终是无法阻止的，但人们可以采取缓解策略延长油井寿命，这可通过适当的井网及井身结构设计来实现。但要实现这一目标，必须事先知道油田的什么位置是油井损坏的危险区，这些地方何时可能产生多大的剪切水平位移等详细资料。

通过微震监测确定较早的油田开发诱生微震源，便可找到微震震源密集区的空间位置，从而确定油井易损危险区的位置和易损井段，以便在油田开发早期以最有效的方法实施缓解策略，延长油井寿命。

d. 绘制热前缘图。

热驱（蒸汽驱、火烧驱油）引发微震的原理与前述采油、注水或压裂诱生微震的机理有所不同。

热驱时要往储层里注入高温高压蒸汽或用其他方法使储层加热。岩石被加热后产生裂缝，使原来岩石中积累起来的能量以地震波的形式释放出来，即产生微震，这一现象已在实验室中得到证明。

由于微震产生在储层加热区，因此确定了微震空间位置，便确定了储层被加热区的范围。分析不同时间的微震分布变化，可得出热前缘随时间变化的图像。

2006年，在加拿大成功实施了利用微震监测 SAGD 蒸汽腔发育过程的现场试验。工作人员在注气井附近的一口监测井内安置了地震检波设备，通过检波设备在6周内监测到 2000次微震活动，绘制了 SAGD 蒸汽腔发育过程图。

微地震方法完全可以应用于火烧前缘的监测中，并且这种方法的花费要小于 4D 地震方法，而且能够取得近乎于连续的燃烧前缘发展动态，但是由于国内还没有这方面研究的先例，所以需要一定的技术开发时间。

7) 时延地震监测技术

(1) 概念、功能及意义。

时间延迟地震(time-lapse seismic)，简称时延地震，也可译作时(间间)隔地震或时(间推)移地震。时延地震油藏监测技术是指在油藏开发过程中，在同一位置、不同时期重复采集地震数据，并对这些数据进行互均化处理，研究不同时期与油藏流体变化有关的地震反射之间的差异，依此对产层中流体的流动效应进行观测成像。由于每次地震观测一般都是三维的，该技术增加了时间维，即具有一定的延迟或推移的时间间隔，故又称其为四维 (4D) 地震技术。此外，还有一些其他的时延地震监测方法，如时延二维地震、时延 VSP 和井间地震等。在非地震监测技术方面，如时延电法、磁测和重力测量等近年来也有新进展。

20世纪初，物理学的研究已表明，只有时间与空间统一成四维才能真正认识客观世界。爱因斯坦广义相对论的产生就得益于此学术思想，利用多次重复地震来监测油藏动态变化的思想产生较早。但直到最近十年，4D 地震油藏监测技术才得到大量商业化应用并取得快速发展。

目前，时延地震油藏监测的技术路线是对油气生产过程中由于注入和开采造成的油藏或储层中流体的流动过程进行观察成像。在一般情况下油藏开采期间岩石的骨架等地质特性可以认为不随时间变化，只有油藏的特性如流体性质、温度、压力、流体饱和度和孔隙度等反映流体流动的参量会随油田开发时间的推移而发生相对较大的变化，从而引起地震反射特性相应变化。4D 地震监测正是利用两次或多次观测的三维数据体，把后一次与前一次或前几次基础数据相比较，研究油藏部位的地震反射特征变化，消除静态地质特征的影响，找出油藏内流体随时间发展而变化所造成的地震场的差异，获得差异图像。

实践证明，与以往油藏管理中的油藏模拟不同，4D 地震监测是直接观测地下流体的动态流动，而不仅仅是理论模拟或简单预测。随着重复采集时间间隔和工作周期的缩短，4D 地震监测技术已经在应用广泛的 3D 地震技术基础上发展成为一种新的油藏工程管理工具。

目前，时延地震的主要功能表现在以下4个方面：①在注采作业中监测注入的流体，如水、蒸汽、CO_2 等的前缘移动情况，监测驱油效果，调整注入井和采油井，优化注采程序，减少不必要的浪费；②分辨油水、油气界面随时间的变化，对采油过程中流体界面的移动、孔隙度、流体饱和度和体积压力空间变化情况进行地震成像，以便修改和优化开采方案，延长生产井寿命；③寻找和确定油藏内的死油区，识别未开发区块，优化、调整加密井、扩边井等新井井位以及老井重新作业方案；④可用于监测断层的封堵性及其作用（是否存在流动屏障或渗漏现象），限定油藏边界和模型，预测流体单元，合理确定生产方案和钻井位置。在目前的技术条件下，大油田特别是深水海域开发的大油气田是4D地震监测的主要场所。

20世纪80年代，研究人员通过在实验室对稠油饱和岩心样品的测量，发现稠油被加热时岩石的地震传播速度大为降低，如果在注蒸汽过程中存在游离气，这种热效应会进一步加强，地震传播速度降低幅度可达40%。在稠油热采区与未产区之间振幅差异可达6倍之多。实验和模拟还发现，即使没有温度变化，油藏内存在游离气时也能大大降低岩石的地震传播速度和波阻抗。

上述结论随后被现场实际蒸汽驱4D地震监测试验所证实。到90年代后期，时延地震应用范围迅速扩大，涌现出一批较成功的监测实例，如北海气顶膨胀、巴黎盆地储气和得克萨斯注CO_2等项目。

(2)资料采集、处理与解释。

①资料采集。

成功的4D地震成像不可重复的噪声不仅比地震有效信号要弱，而且对于重复性的干扰也要进行有效控制，否则就会掩盖油藏中产生的变化。所以，如何提高信噪比和改善其可重复性是时延地震资料采集的关键。近年来，通过不断地对比和实践，地震采集重复性大大改进，与此同时进一步提高了4D地震数据的信噪比。

②资料处理。

数据处理是4D地震监测中一个非常重要的环节。必须采取有效措施，科学选择处理参数和流程，甄别有用信号与各种噪音，消除干扰信号，得到每个3D地震数据体的准确成像，使地下没有变化的非油藏部分具有最佳的时延重复性，并使油藏部分地震差异具有稳定性和可靠性。为此，在时延地震资料处理中，关键要对几次采集的资料进行可重复性处理，此技术称作互均化处理(cross equalization)。互均化处理主要包括对反射时间、振幅、频带和相位等的校正和归一化处理。其目的是使频谱带宽、相位、振幅增益变化，不同的静校正以及同相轴定位等达到均等，从而优化4D地震差值异常，消除时延地震中不需要的随时间的变化，只保留与油藏开发有关的反射变化响应。

③资料解释。

4D地震解释可分为以下4步：

a. 准确标定。根据测井、岩心和其他生产数据模拟地震数据，分析4D地震差异变化反映的是油藏变化还是因非重复性采集、处理造成的假象，据此把4D地震时延变化与油藏时延变化联系起来。

b. 确定时延地震差异的地质含义，定性地判别4D地震多数据体(multicube)中时延地震差异是否由油、气、水的变化所引起。除了流体性质变化外，油藏开发方式、储层改造措施(如压裂)、压实变化等有时也会导致孔隙度等地质特性发生变化，从而产生时延地震变化，加之地震的分辨率远小于地层尺度，故时延变化常常具有多解性。

c. 综合反演。结合测井等资料对地震数据进行反演，以减小时延地震数据的多解性和解释的模糊性。反演得到的地震速度、波阻抗要比振幅特性更容易与地层的岩性、孔隙度、饱和度、温度和压力等直接建立联系。所以，通过反演可以更准确地把地震数据转换成油藏数据。与基础观测和时延观测求差相对应，在对4D地震数据反演得到动力学特性后，也要对其求差，得到差异或变化图像，然后进行定量解释。国外各大石油公司所采用的反演方法各有特点，一般包括对油藏深度、面积、容积、含油(气、水)饱和度、流体边缘以及盖层条件的反演等，有的还进一步得到蒸汽驱的温度、蒸汽饱和度图。反演技术目的依然是地球物理界的研究热点。

d. 结论与建议。根据4D地震分析结果提出油藏管理建议，这也是4D地震最终成果的体现。

实际应用表明，在符合条件的地区，利用4D地震数据的确能监测油藏流体流动，用于油藏管理和油藏工程决策。如在蒸汽驱项目中，根据4D地震解释结果，优化、调整生产井和注入井配置，优化注蒸汽的布局，在提高采收率方面发挥了重要作用；还可发现死油区，指导设计水平井避开水淹层进行开采。类似成功的实例可见于各类文献中。

(3)热采对储层的影响及时延地震监测实例。

在热采(注蒸汽、火烧)过程中，随着储层温度的增加，孔隙流体黏度降低，岩石和孔隙流体的压缩系数增加，从而导致岩石强度、密度明显降低。特别是对于浅层稠油热采，时延地震监测几乎总是可行的。

印度尼西亚于1992年利用时延地震方法成功监测、绘制了蒸汽驱产层的蒸汽波及图，为制定有效的波及改进计划提供了依据。

美国怀俄明州南部的C8sper Creek(SCC)油田，该区块是稠油油田，采用蒸汽驱方式开发。1996年应用时延地震方法监测热前缘的位置取得了成功。

胜利油田先后在单家寺油田和草桥油田进行了两次稠油热采监测野外试验，并进行了室内处理技术的研究以及监测地震资料在油气开发中的解释应用，论述了地震监测的野外观测系统及施工工艺方法，成功监测到注入蒸汽的波及前缘成像，得出了注入蒸汽在河流相地层的运移规律，确定了排泄稠油区及剩余油区。

在火烧油层稠油开发过程中，火烧前后储层温度、压力以及孔隙流体相态、储层岩石特性等将发生显著的变化，了解这种变化的规律和特点对于时延地震监测的可行性分析以及时延地震监测的实施是非常必要的。

一般来说，稠油油藏火烧前储层岩石主要为稠油和水饱和的原状地层。火烧后储层温度将逐渐升高，地层处于高温、高压(注入气体压力、气体膨胀压力)状态，火烧前缘温度一般可达500~600℃，有时甚至更高。此时，孔隙中的地层水将汽化变成水蒸气，原油将发生蒸馏和裂解变成气态烃和焦化物。

在稠油热采时延地震监测过程中，通常人们更关心热采对地震波传播速度的影响。一般来说，由于热采过程所引起的油层温度的升高及岩石孔隙中气体的出现都会导致地震波传播速度明显降低。同时，在热采过程中注入气体取代岩石孔隙中的一部分油或水，导致整个岩石的可压性增大，也会使地震波传播速度降低。再者，由于热采过程中储层压力升高，也会使地震波传播速度下降。

室内实验证明，随着温度的增加，纵波速度均有减小的趋势。相比之下，稠油饱和时速度降低最为明显，而且围压增加速度降低的幅度也增大。

国内学者通过对胜利油田火烧油层时延地震的反演，观察到火烧油层能够明显引起地震异常。

Greaves and Fulp(1987)发表了一篇基于时延地震思想的文章，描述了一个火烧油层项目的地震监测过程，文中使用了1年中的3套地震数据，通过对数据的分析，得出了该区块火烧前缘的动态演化过程。

时延地震是一种有效的监测火烧油层前缘动态的方法，而且在技术上实现起来并不难，但是国内还没有针对监测驱替前缘而开展时延地震的先例，主要是因为时延地震项目经济投入过大。

8）示踪剂监测技术

井间示踪剂测试是从注入井注入示踪剂段塞，然后在周围生产井监测其产出情况，并绘出示踪剂产出曲线。不同的地层参数分布和不同的工作制度均可导致示踪剂产出曲线的形状、浓度、到达时间等不同。示踪剂产出曲线里包含了油藏和油井的信息，对于一些特殊的井间示踪剂测试，比如气窜监测和人工裂缝监测等，更需要通过对示踪剂产出曲线的分析，来分析和判断地层参数的分布以及数值。

井间示踪剂测试与解释技术是近年发展起来的一种确定井间地层参数分布（平面上可以包括单井组、多井组范围，垂向上可以包括单层、多层、层内范围）的较为先进的技术。其技术含量高，解释参数可靠性好，近年来在世界范围内得到较为广泛的应用，并有一系列有关的解释原理与方法问世，形成了一套较为完整的理论体系。

监测流程为：示踪剂筛选—示踪剂注入—油井取样—样品示踪剂检测—数据分析整理—示踪剂数值模拟—综合解释、结论。

（1）示踪剂测试解释计算原理。

示踪剂测试解释的方法包括 3 类：数值方法、解析方法和半解析方法。其中，半解析方法在解释能力、准确度和速度等方面具有明显的优势，并结合了相关物质平衡计算和井筒有关测试资料。

（2）示踪剂筛选及室内评价研究。

①示踪剂的筛选。

理想的示踪剂应溶于注入流体，且以注入流体的速度运移。因此，所选择的示踪剂一般应达到以下要求：a. 背景浓度低，用常规分析方法就可实现检测；b. 岩石表面吸附量少、同油藏流体无化学反应和同位素交换；c. 与示踪流体配伍性好；d. 无毒性或毒性较低、价格合理等。

②多种示踪剂的筛选。

乐安油田火烧油层选用的示踪剂有以下 3 种：

a. 气体示踪剂 ST。该示踪剂在 800℃ 以上时具有热稳定性，不分解，微溶于水，化学性质稳定，在 500℃ 时也不与地层中的石英反应。

b. 温控型示踪剂 AN。它是一种有机质，与地层矿物不反应，不吸附，在水中溶解，在 310℃ 分解。

c. 稳定同位素示踪剂。该示踪剂为稳定同位素微量物质，在地层中的含量甚微，与地层矿物不反应，吸附量极少，无放射性，无高温转化，易检出，灵敏度高。

示踪剂注入量取决于储层中被示踪流体的最大体积和分析测试的灵敏度，其中被示踪流体的最大体积是一个客观的物理量；分析测试的灵敏度一方面取决于测试仪器的灵敏度，另一方面取决于地层背景浓度的高低。当背景浓度很低时，主要考虑仪器的灵敏度；当背景浓度较高时，主要考虑投加的示踪剂能否掩盖背景值。由于同位素示踪剂的背景浓度一般很低，因此主要考虑仪器的灵敏度因素。采用的示踪剂注入量计算公式如下：

$$A = \mu M_{\mathrm{DL}} V \qquad\qquad (5-11)$$

$$V = \pi R^2 h \phi S_{\mathrm{w}} \qquad\qquad (5-12)$$

式中，μ 为保障系数，目的是消除各种天然和人工不利因素的影响，保障注入的示踪剂被检测到，其数值一般根据经验确定，具体保障系数的大小根据具体地层情况确定；M_{DL} 为最低检测浓度，可以是仪器的分析灵敏度，也可以是最大本底浓度，一般取两者中的最大值；V 为地层最大稀释体积，m^3；R 为平均井距，m；h 为油层平均厚度，m；ϕ 为油层平均孔隙度，百分数；S_{w} 为油层平均含水饱和度，百分数，根据物质平衡计算得到。

将实际地层参数和基本检测参数代入式（5-9）和式（5-10），得到理论计算数值，根据该计算数值选取相应用量的示踪剂。

乐安油田于 2002 年 1 月 9 日对示踪剂进行了现场投加，其中气体示踪剂 ST 的用量为 106kg，温控型示踪剂的用量为 3560g，稳定同位素示踪剂的用量为 267g。

（3）气体示踪剂产出曲线结果分析。

图 5-14 和图 5-15 是乐安油田火烧油层气体示踪剂产出曲线图，其中图 5-14 为一线观察井示踪剂产出曲线图，图 5-15 是二、三、四线观察井示踪剂产出曲线图。

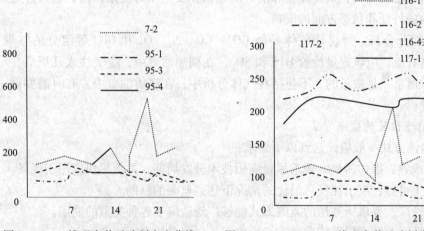

图 5-14　一线观察井示踪剂产出曲线　　图 5-15　二、三、四线观察井示踪剂产出曲线

一线监测井共有 4 口井取样，经检测有 3 口井（95-1 井，95-3 井、95-4 井）见到示踪剂。7-2 井未见示踪剂明显显示，95-4 井为最早见到示踪剂峰值的观察井，其次是 95-1 井、95-3 井。计算出各井的推进速度，发现中心注气井向对角线方向的 95-3 井推进最快，速度为 47m/d，最慢的是 95-4 井，为 67m/d。且 95-3 井的峰值较其他两口井有很大差别，注入示踪剂的第 6 天见到明显的示踪剂显示，浓度为 254mg/L，第 12 天示踪剂的浓度达到 671.55mg/L，且出现多个峰值，说明平面上存在着严重的不均质性。相对而言，同是一线井的见示踪剂的 95-4 井方向火烧效果较 95-1 井、95-3 井差，而 7-2 井方向可能燃烧得不够或没有燃烧起来，注入气直接从井筒排出，利用率低。

二线监测井共有 3 口井取样，经检测 116-4 井、116-2 井见示踪剂。117-1 井未见示踪剂显示。从见示踪剂效果分析，注入气主要沿井组东南方向推进，而且平面推进速度差异很大。另外，从示踪剂产出峰值可知，示踪剂在纵向上存在多层突破。以上说明在注气井与采油井间存在很强的平面和层间非均质性。

采用示踪剂方法可以方便快捷地监测火烧油层区块的井间连通情况，但是目前能够应用于火烧油层的示踪剂非常有限，而且获得的资料也有限，不能反映火烧油层前缘的动态演化过程。

三、杜66北块火烧油层监测方式优选

1. 常规监测资料的录取

火烧油层现场项目的监测对于安全经济运行是不可或缺的，但监控的类型和规模随项目的类型和规模而变化。火烧油层常规的监测项目包括温度、压力和产出气体的监测。

（1）温度。在热采中需要测量地面和地下温度。地面设备或井口温度的测量没有什么困难。规模化热采生产中很少连续测量井下温度。火烧油层的先导试验和现场项目试验需要连续测量和抽样读取井下温度。测量井下温度常用的是热电偶，热电阻和热敏电阻很少使用。

（2）压力和压差。火烧油层的压力和温度监测一般采取两种方式：一是通过资料监测井和定点测试井直接取得；二是通过地面注采参数间接求得，包括井的注入能力、生产能力以及油层流动阻力资料，确定设备和油井的压力在安全压力极限以内，通过连续压力观察得到油藏内的特征和状态方面的资料。

（3）气体成分分析。对燃烧气体要做 CO_2、CO、N_2、O_2 和 CH_4 等组分的常规分析。如果原油中富有硫，应该定量检验 H_2S 和 SO_2，在稠油油藏中，空气注入几周后，一些较重的烃类气体通常只是微量的，不包括在气体分析中；在轻质油藏中，有时需要做一直到戊烷的烃类分析。

2. 火烧前缘位置的监测方法

理想的监测方式一般应该达到以下要求：

（1）技术成熟，操作简单，要求尽量缩短技术开发周期，并能尽快应用于现场。

（2）经济上可行，要求在经济最优的情况下达到监测的目的。

（3）适应性广，要求所选用的监测方式能够广泛适应于各种类型的油层。

（4）连续性好，要求尽可能多地连续地取得地层内部信息。

（5）安全环保，要求选用的监测方式具有无毒性或毒性较低，对人和设备没有伤害。把以上监测技术进行横向比较，结果见表5-10。

表5-10　火烧油层监测方式适应性分析

监测方法	技术	经济	技术局限性	安全环保性	连续性	备注
磁法监测	未完全成熟	花费大	浅层	安全	连续	受周围环境影响较大
电法监测	未完全成熟	花费大	浅层	安全	连续	
微地震监测	未完全成熟	花费大	广泛适应	安全	连续	
时延地震监测	成熟	花费大	广泛适应	安全	多点	
示踪剂监测测	成熟	花费大	广泛适应	药剂筛选严格	时间点	

3. 监测与综合调整控制技术

1）火烧油层生产监测指标

在设计火烧油层方案时，要充分考虑分析评价的需要，及时取全取准各项资料，设计必要的油藏监测系统。在设计注入井和采油井结构时要考虑监测的需要。在油藏监测系统中要设计出一定数量的地下资料录取井，要确定资料录取的时间间隔，通过录取资料及时分析火烧油层效果。

（1）所监测的资料。

注气井：注入压力、温度、注入量、井底压力、井底温度；吸气剖面；燃烧方向的监测等。

采油井：产出液量、油量、水量、排气量；油压、套压、回压；示功图、动液面；水性全分析；油性全分析；必要时要进行原油族组分分析；井下温度、井下压力；井下产液剖面；排出气体组分分析等。

（2）采用的监测方法。

地面压力、温度、气流量——读表法。

原油产量——计量和称重法。

原油含水——化验分析法。

排出气体组分——气相色谱分析法。

示功图——动力仪法。

液面——回声仪法。

注气井压力、温度——在火烧油层井下入高温存储式压力、温度计；也可采用双管测试工艺或移动式井下测试工艺（见图5-16）。

采油井压力、温度——采用旋转井口从环套空间下入小直径存储式压力温度计；对于稠油或超稠油井可采用双管测试工艺（见图5-17）。

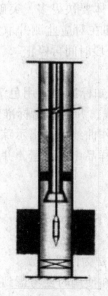

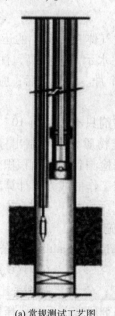

(a) 常规测试工艺图

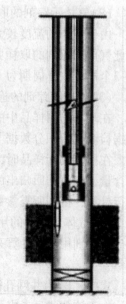

(b) 双管测试工艺图

图5-16　注气井温度、压力监测示意图　　　图5-17　采油井温度、压力监测图

火烧油层方向——示踪剂法。

吸气剖面、产液剖面——井下仪器法。

通过监测录取的各项数据，分析判断火烧油层采油的燃烧状况及油井生产动态，及时对各项参数进行调整和控制，达到调整地面参数控制地下燃烧状态的目的。

火烧油层采油示踪剂技术是最关键的监测技术，通过示踪剂现场实施，能够有效地监测火烧油层采油燃烧推进方向，为火烧油层采油现场综合调整油层燃烧状况提供可靠的技术支持。

2）杜66北块火烧油层示踪剂监测技术

火烧油层示踪剂筛选的基本原则是：①空气中通常不存在的气体，地层中背景浓度低；②在地层表面吸附量少，弥散系数很小；③同地层矿物不反应的气体；④化学稳定性和生物稳定性、热稳定性好，不能分配进入水的气体；⑤易检出，灵敏度高，操作简便，可分别测量的气体；⑥无毒、无放射性；⑦来源广，成本低。

借鉴气体示踪剂在混相驱以及蒸汽驱中应用的成果，根据气体示踪剂应用的基本原理、基本种类，过综合分析和试验筛选后，在曙光杜66北块火烧油层进行了气体示踪剂现场应用。

（1）气体示踪剂施工工艺。

往注气井注入气体示踪剂有专门的注入流程，通过专用注入设备和专用顶替液体将示踪剂注入井中，然后恢复注气正常生产。简单流程如图5-18所示。

图5-18　示踪剂注入流程

（2）气体示踪剂的取样。

由于气体的流度较大，故气体在油藏中的运移速度比液体要快得多，突破时间很短，因此气体示踪剂的取样频率比水示踪剂要高，注入后要立即在对应监测井取样，每天取2~3个样，取样周期为1~3个月。峰值过后，应继续取样一段时间再停止。

（3）气体示踪剂的检测。

在现场监测样品中的示踪剂只有10^{-9}~10^{-10}g/L，对已知标准物质用色谱仪器检测，根据检测到的积分数据与标准物质含量绘制出标准工作曲线，并回归出标准工作曲线方程。在检测实际样品时，根据检测到的峰面积积分数据在工作曲线上查出示踪剂在样品中的含量，或根据回归出的标准工作曲线方程计算出示踪剂在样品中的含量，并对相关数据进行计算，得到所需参数。

（4）气体示踪剂的用量及施工。

示踪剂用量的计算采用Brigham-Smith经验公式，具体如下：

$$G = V_p C_p \mu \tag{5-13}$$

式中，V_p为井网孔隙体积；C_p为示踪剂采出峰值浓度；μ为保障系数。

由于该公式只考虑了示踪剂段塞前后的稀释作用，所以在使用时要考虑到其在地层中的滞留量，需提高其用量。经计算，确定杜66北块曙1-47-039试验井组示踪剂用量为

200kg，并于 2007 年 9 月 5 日进入现场施工。

　　通过检测分析，曙 1-47-039 试验井组一线采油井中有 5 口井见到示踪剂产出，曙 1-46-041 和曙 1-47-041 共 2 口二线井也检测到示踪剂，而曙 1-47-38 和曙 1-47-39 井未检测到示踪剂。曙 1-46-40、曙 1-47-40 井取的第一个样就检测到示踪剂，而且含量一直较高；曙 1-47-038、曙 1-47-04、曙 1-46-041 分别从第 5 天、第 9 天、第 10 天检测到示踪剂且含量明显上升；而曙 1-46-39、曙 1-46 新 38 井示踪剂含量一直较低。图 5-19 给出了曙 1-46-40 井、曙 1-47-038 井和曙 1-46-39 井的示踪剂峰值含量曲线。

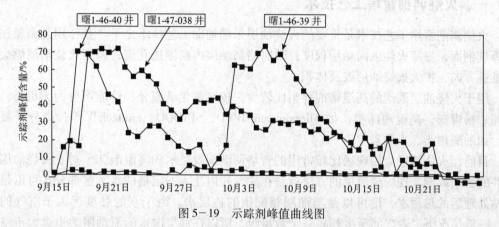

图 5-19　示踪剂峰值曲线图

　　示踪剂出峰时间不同，出峰值也不同，说明地下驱替情况不同，经分析，曙 1-47-039 试验井组曙 1-46-40～曙 1-46-041 和曙 1-47-041 方向地下窜通程度较高，为燃烧前缘主推进方向；曙 1-47-038 方向地下连通性较好，没有形成直接的气窜通道，燃烧前缘为正常推进；曙 1-47-38 和曙 1-47-39 井方向驱替程度差，燃烧前缘推进缓慢。曙 1-47-039 井组燃烧前缘推进方向示意图见图 5-20。

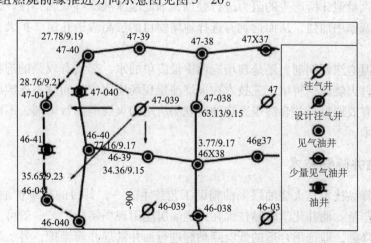

图 5-20　曙 1-47-039 井组燃烧前缘推进方向示意图

　　示踪剂监测是火烧油层采油监测方法的关键技术，通过示踪剂的现场实施，能够有效地监测燃烧推进方向，为综合调整油层燃烧状况提供可靠的技术支持。

　　技术人员在室内进行了多个示踪剂的评价与筛选，并在杜 66 北先导试验区实施了 5

个井组的气体示踪剂监测实验，现场取样并检测分析 7500 余次，通过检测数据及色谱曲线分析，掌握了火烧油层井组火线运移情况，热量利用程度，驱替程度及串通、突进等情况，为火烧油层采油现场提供了第一手判断资料。

第七节　辅助工艺技术

一、火烧调剖暂堵工艺技术

火烧调剖暂堵工艺技术是重要的火烧油层采油辅助工艺技术之一。其作用是调整注气井吸气剖面，提高火烧纵向动用程度；暂时堵塞油层内高渗透孔道；调整火烧油层燃烧前缘推进方向，扩大火烧油层波及体积。

用于火烧油层调剖的高温堵剂种类比较少，按堵剂化学成分和性能可分为无机类，如水泥、粉煤灰；高温泡沫类，如 Thermphoam BWD、SDIOOO、Suntech Ⅳ 等；高分子凝胶类，如酚醛树脂、木质素等。

目前，火烧油层应用现场比较常用的暂堵调剖剂就是水和高温泡沫。对于火烧油层注气井的暂堵调剖，现场最简单的方法就是在注气井内注入一定量的水，这部分水可以是联合站处理后的热污水，也可以是与油层相配伍的地层水。由于水的黏度远大于空气的黏度，一般情况下二者之间至少相差一个数量级，所以在油层内水的流动阻力也远大于空气的流动阻力。注入水一方面有选择地堵塞高渗透孔道和油层，从而起到暂堵调剖的作用；另一方面，注入水在接近燃烧前缘高温区域时汽化，形成水蒸气(体积膨胀)，进一步增加流动阻力，从而有选择地暂时堵塞高渗透孔道，利于调整燃烧方向、扩大波及体积和驱动原油。高温泡沫调剖剂的作用机理是泡沫通过油层孔隙时泡沫的液珠发生变形而对液体流动产生阻力，大量泡沫所产生的阻力进行叠加，加之泡沫液珠具有黏弹性，进入孔隙后发生膨胀，使堵塞作用加强，从而达到有选择地堵塞目的层高渗透孔道、扩大火烧油层波及体积的目的。

无论是高温泡沫调剖剂，还是现场应用中最简单的水，都具有较强的选择性，但其有效期短。因此，火烧调剖暂堵工艺技术在火烧油层现场应用中是间歇不连续施工，这就要求我们开发出有效期更长并合适于火烧油层现场应用的火烧调剖暂堵剂，不断完善火烧调剖暂堵工艺技术。

二、采油井降黏技术

油井化学降黏技术是火烧油层采油辅助工艺技术之一，其目的是维护油井正常生产，提高油井原油产量。油井化学降黏技术在火烧油层应用现场实施工艺一般可分为两类：一类是油井常规降黏，即选用合适的低温降黏剂进行油井常规井筒维护；另一类是大排量油层降黏助排工艺技术，针对不同区块的原油物性，通过室内实验优选出适合的降黏剂及配伍的助排剂和冷采剂进行综合降黏、助排、引产。

杜 66 北块火烧油层采油先导试验区原油为普通稠油，但是由于多年的蒸汽吞吐开采，加之火烧油层采油试验油井受效不均的影响，原油黏度发生了较大变化。个别油井黏度上升幅度较大，不利于油井正常生产，见表5-11。

表5-11 各井不同时期的黏度

序号	井号	初期黏度/mPa·s		目前黏度/mPa·s	
		50℃	时间	50℃	时间
1	1-45-35	932.4	1987.05	3687	2007.06
2	1-46-034	9206.67	1996.09	5547	2007.06
3	1-46-036	3355.9	1990.12	5363	2007.06
4	1-46-038	2771.6	1997.08	9332	2007.06
5	1-46g36	727.71	1998.05	4235	2007.06
6	1-46x38	6310.87	1996.06	3052	2007.06
7	1-47-038	640.98	1994.09	2735	2007.06
8	1-47-35	2407.53	1993.03	3751	2007.06

根据杜66北块火烧油层采油先导试验的实际情况，选用低温降黏剂进行油井常规井筒维护。如果需要开展大排量油层降黏，应选用合适的降黏剂及配伍的助排剂和冷采剂进行综合降黏。

三、油井防砂、固砂工艺技术

已发现并已投入开发的稠油油藏，除个别油藏储层为裂缝性灰岩而且储量很少外，绝大多数为砂岩油层，而且多数为较疏松的砂岩。少数油藏储层为渗透率较低而固结较好的砂岩。某些油藏储层极为疏松，甚至在投产初期进行常规冷采时即出砂严重。而大多数稠油油藏在常规冷采阶段油井产量较低，甚至无工业油流，但采用蒸汽吞吐方法开采后油井出砂很严重，如无防砂措施，则油井生产会遇到砂堵的干扰，甚至无法正常生产。因此，稠油油藏采用火烧油层热采时，在确定油藏开发方案，甚至在进行先导性热采试验前，必须预测油层出砂程度并选择适宜的防砂方法，在火烧油层开发过程中还要不断监测油井出砂动态并完善防砂技术。

火烧油层采油过程稳定，在不发生井喷等人为诱砂因素时，从原理上讲不会加剧油井出砂。不同区块油层地质条件不同，油井出砂状况也不相同，目前在火烧油层现场应用过程中，完全可以采用油田开发过程中所采用的油井常规防砂、固砂工艺技术。针对出砂量少、出砂粒径小的油井，采用携砂泵或沉砂泵基本能够满足油井正常生产；对于严重出砂的油井，可采用高温固砂剂进行化学防砂；对于出砂粒径较大的油井，可采取机械防砂工艺。

四、火烧油层防腐技术

通过对国内外火烧驱油腐蚀井例进行分析，总结出火烧取油试验过程中普遍存在以下问题：①湿式燃烧中注入井被氧气腐蚀；②生产井在高温条件下的酸腐蚀及氧突破造成的氧腐蚀。其后果是井下套管、油管、生产泵及地面阀门管件等局部产生不同程度的腐蚀坑、腐蚀麻点，甚至会产生腐蚀穿孔，导致管材强度降低。

由现场试验气样分析可知：火烧驱油过程中原油燃烧生成的 CO_2、CO、SO_2 以及过剩空气中的氧气是引起管材严重腐蚀的主要因素。

1. 注入井防腐措施

注入井的腐蚀主要是氧腐蚀，主要利用化学疗法防腐。可在注水前后向注入井注入缓蚀剂进行处理，或将注入水进行脱氧、脱气、杀菌处理；或在池水过程中添加缓蚀剂进行防腐处理。

2. 生产井防腐措施

生产过程中由油套环空注入缓蚀剂，可实现生产设备的有效防腐。另外，在生产井中安装井下温度传感器或热电偶，随时监测采出液的温度。随着燃烧前缘迫近生产，采出液的温度增高，从油套管环空注入适当的水冷却产液，将井底温度控制在 160℃ 以下，可以在一定程度上减轻腐蚀。

3. 腐蚀评价与缓蚀剂优选

目前，在国内火烧驱油项目中，注入井严格按照热采升完井标准完井。压风机进行多级冷却分离，确保注入干燥的空气，避免干式火驱注入井发生严重的腐蚀现象；胜利油田的火烧驱油项目运行时间较短，未出现生产设备严重腐蚀破坏的现象。随着对火烧驱油项目的深入研究，腐蚀现象是不可避免的，应跟踪生产井产液温度，防止燃烧前缘突破而造成高温腐蚀。

第六章 火烧油层现场试验与应用

第一节 国外火烧油层现场试验

一、美国现场试验

自从 1950 年火烧油层的现场试验首次在美国开展以来，引起了人们的浓厚兴趣，无论是室内实验还是现场试验，都得到了较快的发展。到了 20 世纪 60 年代，火烧油层已经发展成为一种新的采油技术。本章将介绍在美国的 Ap‐palachian、ParisValley、Bellevue、Bartlett、TeaportDome 等油田上开展火烧油层现场试验的情况。通过对这些典型的火烧油层现场试验的介绍，读者既可以从中领悟其现场试验程序和做法，又可以从这些失败的和成功的现场试验中获得十分宝贵的经验和启示，无疑是大有好处的。

1. 宾夕法尼亚 Appalachian 区火烧油层试验

1958～1964 年，美国矿业局(USBM)与 Bradley 采油公司及 Quaker 炼油公司合作，在美国宾夕法尼亚 Appalachian 油田的 Bradford 油层、Venango 油层和 Venango 油层分别进行了 3 次火烧油层试验。现将试验情况简述于下。

1) Bradford 砂岩油层火烧油层试验情况

该方案是由 Bradley 采油公司于 1958 年夏实施的。试验目的是评价在水淹、低渗透和高密度石蜡基原油砂岩油层中，开始燃烧和向燃烧前缘延伸的可能性，以弄清在这种油藏条件下，能否达到满意的空气注入速度。

(1)室内模拟试验。

为了研究宾夕法尼亚原油的可燃性和对空气注入量的要求，在现场试验前，做了室内燃烧管实验。实验是在直径 152.4mm，长度 1.52m 管内填入 Bradford 砂，其孔隙度为 20%～30%、渗透率为 $2 \times 10^{-3} \sim 4 \times 10^{-3} \mu m^2$，含油饱和度为 35%～70% 的条件下进行的。实验表明，原油可以点燃，并且燃烧前缘沿钢管长度方向延伸。氧的利用率很高，足以保证现场试验要求。

(2)现场试验。

现场试验是在 $1.62 \times 10^4 m^2$ 的细长五点井网内进行的。该油田试验前注水开采亏空了 10 年，此时平均含油饱和度为 35.1%。

①油藏物性和原油物性。Allegheny 油田的 Bradford 砂岩油藏埋深 341.4m，原油密度 $0.81 g/cm^3$，黏度 4mPa·s，其油藏和原油物性主要参数详见表 6‐1。

表 6－1　Bradford 油藏和原油物性主要参数

序号	参数	单位	数值
1	油藏深度	m	341
2	火烧油层方案范围	m^2	1.62×10^4
3	产能平均厚度	m	15
4	孔隙度	%	15.8
5	渗透率	$10^{-3} \mu m^2$	23.6
6	火烧油层开始时含油饱和度	%	35
7	原油密度	g/cm^3	0.81
8	原油黏度(井底温度下)	mPa·s	4
9	油藏温度(井底)	℃	15.6

②井网形状。Bradford 砂岩油藏火烧油层试验井网如图 6－1 所示。

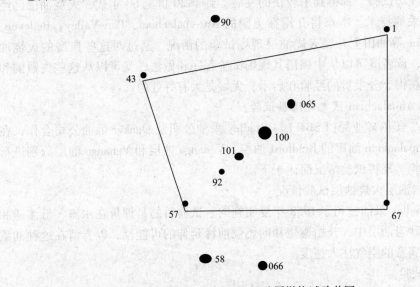

图 6－1　Bradford 油层燃烧试验井网

(3)点火。作业者对注入井分别进行 5 种点火方式的尝试。每次点火时，都先注入空气直到注入速度稳定，然后通电点火。在这种点火方式尝试中，前 3 次均因机械和电器方面的原因而失败；第 4 次虽然点火成功，但从井网中产出的气体分析，没有发现氧气减少和二氧化碳增加的现象，因而实际上油层未点燃。

经分析，认为油层未点燃的原因是井底附近缺乏燃料所致。在进行第 5 次点火前，向井内注入 757L 含 0.876g/cm³ 粗气油的富化混合燃料和下入一个黏性贮藏筒。不幸是，点火期间发生爆炸，从而导致该方案以失败而告终。

在 Bradford 油层燃烧试验中，点火 4 次，总注气量 345.4×10³m³，平均日注 345.4×10³m³，平均注入压力(井口)5.5MPa，耗时 106 天。

2）Venango 砂岩油层火烧油层试验情况

由于 Bradford 油层火烧试验失败，美国矿业局决定在宾夕法尼亚 Warrn 郡 Good Will Hill-Grand Valley，油田的 Venango 砂组油层组再次进行火烧油层试验。

（1）基本情况。

该油层曾进行过一次和二次采油，但还未被水淹。在这种条件下，有利于含油饱和度低的油层点燃和燃烧。燃烧从 122m 深的砂体上部开始。

（2）油藏物性和原油物性。

Good Will Hill-Grand Valley 油田的 Venango 砂组油层的埋深为 49.37m，原油密度 0.806g/cm³，原油黏度 4mPa·s，其油藏和原油物性主要参数详见表 6-2。

表 6-2　Venango 油层及原油物性主要参数

序号	参数	单位	数值
1	油藏深度	m	49.38
2	火烧油层方案范围	m^2	13.9×10^4
3	产能平均厚度	m	7.62
4	孔隙度	%	14
5	渗透率	$10^{-3} \mu m^2$	70
6	火烧油层开始时含油饱和度	%	26
7	原油密度	g/cm³	0.81
8	原油黏度（井底温度下）	mPa·s	4
9	油藏温度（井底）	℃	15.6

（3）井网形状。

Venango 砂层组火烧油层试验井网为 $13.9 \times 10^4 m^2$ 不很规则的反五点井网形状。井网形状如图 6-2 所示。

（4）方案实施情况。

①井网准备。在井网中心钻 1 口注入井，7in 套管下至油层顶部用耐热水泥上返到井口固井。4 个角上的 21A、4A、17 和 20A 井用顿钻通井到井底，下套管重新完井，并对砂体整段射孔。

②点火准备。为保证井底有足够燃料，向注入井地层注入 7.95m³ 低密度原油。点火前，向地层注入 $6.6 \times 10^3 m^3$ 的空气—天然气混合物，井口压力 1.3MPa，天然气占总体积的 3%，混合物热值 $51.9 \times 10^3 J/m^3$。

③点火。点火器将井下燃料点燃后，以 245.5m³/h 的注入速度注入空气—天然气混合物。

④地下燃烧情况。在注混合气体 9 天期间，产出气体中 O_2 从 20.5% 下降至 16%，CO_2 从 0.6% 上升到 3%（体积分数），表明燃烧速度缓慢。然后，改变注入速度和混合气体的热值，试图维持和扩展燃烧前缘，连续注入天然气 95 天，共注入 $3.4 \times 10^3 m^3$，随即发现天然气窜流过燃烧前缘，故停注天然气。停注天然气后继续注入空气 $110 \times 10^3 m^3$，但

未能改变 O_2 增加 CO_2 减少的变化。总注气量(空气和天然气)$250 \times 10^3 m^3$,注气速度$1.4 \times 10^3 m^3/d$,产出气体总量 $270 \times 10^3 m^3$。

从 1961 年 7 月开始到 1962 年 1 月结束试验,历时 180 天。

(5)效果分析。

试验期间,单井平均日产油 $0.12 m^3/d$,与试验前 $0.114 m^3/d$ 相差无几。用氪 85 作示踪剂追踪试验表明,大量注入空气通过高渗透、低流体饱和度段从试验井网中运移出来,从而导致燃烧前缘缺氧。从注入井取出的 4.27m 岩心中所测得含油饱和度比先导区平均值高得多,这可能是注入井附近的 2A 井蒸发油补充所致。这次试验失败的基本原因,主要归因于油层没有足够维持燃烧所需的燃料量。

3)Venango 砂岩油层火烧油层试验情况

由于前两次火烧油层试验失败,美国矿业局选择 Reno 油田 Venango 砂岩油层进行第 3 次火烧油层现场试验。

(1)选择 Venango 油层的目的。

美国矿业局认为,地层中含油多,火烧油层试验成功的可能性较大。由于到当时为止,Reno 油田尚未转入二次采油,地层中含油饱和度较高,故选择 Reno 油田的 Venango 油层进行火烧油层试验。

(2)油藏物性和原油物性。

Reno 油田的 Venango 油层深度 182.9m,油层厚 8.23m,原油密度(40℃)$0.825 g/m^3$,原油黏度 39mPa·s。油藏与原油物性详见表 6-3。

表 6-3　Reno 油田 Venango 油层及原油物性主要参数

序号	参数	单位	数值
1	油藏深度	m	182.9
2	火烧油层方案范围	m^2	0.65×10^4
3	产能平均厚度	m	8.2
4	孔隙度	%	13
5	渗透率	$10^{-3} \mu m^2$	57.8
6	火烧油层开始时含油饱和度	%	37
7	原油密度	g/cm^3	0.825
8	原油黏度(井底温度下)	mPa·s	39
9	油藏温度(井底)	℃	16.1

(3)井网形状。

Venango 油层火烧油层试验井网形状为四边形,五点法井,结构如图 6-2 所示。

(4)火烧油层试验情况。

在井网内进行了两次点火和延伸燃烧前缘试验。

第一次点火始于 1962 年 8 月到 1963 年 1 月结束,得出了在地层自身条件下不能实现

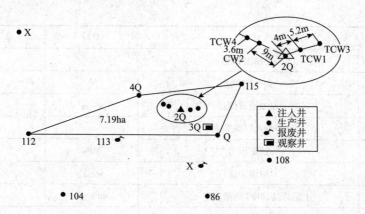

图6-2　Venango 油层火烧油层试验井网

维持燃烧的结证。

在第二次点火前，对 2Q 井下入 5in 套管重新完井，并射开油层底部以上的油层。以 4.8MPa 压力，$2.86 \times 10^3 \text{m}^3/\text{d}$ 的注气速度，向 2Q 井注入空气—天然气混合物 40 天。随后以 4.4MPa 压力，$1.31 \text{m}^3/\text{d}$ 速度注入沥青基原油（0.84g/cm^3）32.75m^3，耗时 25 天，在原油注入后的第 12 天，在 4Q 井见到注入油，并采出了 4.77m^3。

原油注入结束后，以 $3.85 \times 10^3 \text{m}^3/\text{d}$ 注入速度，5.4MPa 压力，从注入井注入含3%天然气的气体混合物。注气 15 天后以化学方式点火。井底燃烧 29 天后停注天然气。在这 29 天内，燃烧了 $2.72 \times 10^3 \text{m}^3$ 天然气和 $75 \times 10^6 \text{m}^3$ 空气。从 1Q、4Q 和 115 井监测到增加。但是，在天然气停注后，趋势反转，由于油饱和度低、燃烧效率差，于 1964 年 1 月结束试验。

随即在注入井旁边钻了 TCW1、TCW2、TCW3 和 TCW4 取心井。根据岩心分析表明，热前缘从注入井四周推进了约 12.8m。试验期间平均耗油 $0.032 \text{m}^3/\text{d}$，认为这是注入原油低温氧化反应的结果。实际上这是个失败的试验。

2. Paris Valley 油田湿式火烧油层试验

Husky 石油公司在加利福尼亚的 Paris Valley 油田开展了湿式火烧油层先导试验，目的是为了探讨在不具备经济开采价值的未固结砂岩和稠油油藏中，采用火烧油层时其技术和经济上的可行性。

（1）油藏特性。

该油田的油层为中新世松散含油砂岩。先导试验在 Ansberry 砂层中进行，平均深度 243.8m。Ansberry 砂层分成上、中、下 3 个小层。中层含油量很少。总的纯油层厚度为 $2.44 \sim 25.6$m。上层 $1.22 \sim 7.32$m，下层 $2.74 \sim 17.68$m。油藏及原油物性主要参数详见表 6-4。

表6-4　Ansberry 油层和燃烧物性主要参数

序号	参数	单位	数值
1	油藏深度	m	243.8
2	孔隙度	%	32.2
3	渗透率	μm^2	3748

序号	参数	单位	数值
4	含油饱和度	%	63.7
5	含水饱和度	%	36.3
6	原油地质储量	m^3/m^3	0.232
7	平均产层净厚度	m	17.68
8	油藏压力	MPa	1.62
9	原油密度	g/cm^3	0.997
10	上层原油黏度(油藏温度下)	$mPa \cdot s$	227000
11	下层原油黏度(油藏温度下)	$mPa \cdot s$	23000
12	燃烧需求量	kg/m^3(m^3/m^3)	37.32(0.038)
13	燃烧空气需求量	m^3/m^3	417
14	从燃烧带驱出的油	m^3/m^3	0.167

(2)井网布置。

该先导试验区采用 5 个交错排列的直线驱式井网。井网中共钻了 18 口生产井和 5 口注入井。其中,上层井 9 口(1、8、9、10、12、13、16 和 18),下层井 6 口。另外,有 8 口井钻穿整个上、中、下层。空气注入井从每个井网中心沿下倾部位布井,以补偿可能出现的空气沿上倾方向的流动。为了监测,还钻了 2 口观察井。井网形状如图 6-3 所示。

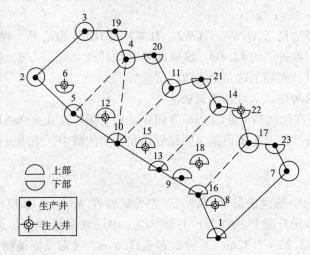

图 6-3　Paris Valley 井网

(3)燃烧试验。

1976 年 1 月,开始初期燃烧试验,由于设备问题,仅注入 1.7m^3 空气之后,于 1976 年 7 月被迫结束。

1977 年 5 月,对 6、8、12、15 和 18 井重新开始注空气。施工表明,上层的井比下层的 6 口井的吸气能力低得多。若要使上层井能注入空气需提高注入压力。但注气设备损坏,于 1977 年 8 月停注。直到 1978 年 1 月对 6、12、15 和 22 井恢复注空气。但由于周围井设备问题，于 1979 年 2 月再次停注。

除上述井之外，仅有 21 井能正常注空气，并实施了燃烧试验，获得了增产原油的效果。但是，冷却泵出现了故障，致使井底温度超过 371℃，衬管损坏，注气终止。

生产井中仅采出注入空气量的 61%。由于问题较多，费用太高，于 1989 年终止先导试验。

3. Bodcau 火烧油层试验

Bodcau 火烧油层试验是在 Bellevue 油田（路易斯安那 Shreve-port 东北部）的上白垩纪 Nacatoch 砂岩油层中进行的

（1）井网和油藏特性。

为了确定井网和燃烧方案，在井网内钻了 5 口评价井。用这些井的测井和岩心资料绘制构造图，确定油层厚度、井网形状和范围。试验区井网面积约 $1.6 \times 10^4 \text{m}^2$，为长条九点法井网，位于构造上部。注水井位于构造下部，以驱使空气向上移动。

Bellevue 油田 Nacatoch 砂岩油藏的深度 137.2m，原油黏度 677mPa·s。油藏特性主要参数详见表 6-5，井网形状如图 6-4 所示。

表 6-5　Nacatoch 油藏和原油特性主要参数

序号	参数	单位	数值
1	油藏深度	m	137
2	火烧油层方案范围	m^2	7.7×10^4
3	产能平均厚度	m	16.5
4	孔隙度	%	33.9
5	渗透率	μm^2	700
6	平均含水饱和度	%	27.4
7	平均含油饱和度	%	72.6
8	火烧油层开始时含油饱和度	m^3/m^3	0.246
9	油藏压力	MPa	0.28
10	油藏温度	℃	24
11	原油密度	g/cm^3	0.94
12	原油黏度（井底温度下）	mPa·s	676
13	地层倾角	(°)	4.5

（2）试验情况。

在室内燃烧试验基础上，1976 年 8 月和 9 月，利用电加热器分别点燃 5 口注气井。试验的前 6 个月，注入空气实施干烧。当注入速度稳定在最大值之后，在注入井注气层的顶部 3.05~6.1m 处射开注入层，以便空气注入到油层底部的同时，将水注到 Nacatoch 砂岩层的上部。

由于存在灰岩夹层，所以隔开了这两种流体。注水的目的是为了改善垂向驱替效率，即是使燃烧流体升到顶部之前，迫使其在油藏底部向远处扩展，以加热更多的油藏体积。

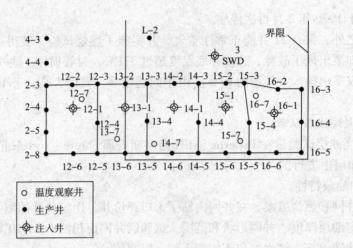

图 6-4　Bodcau 火烧油层井网

1980 年底，在井网 50% 的体积被燃烧后停止注气，改为注水，清洗余热之后，结束试验。

（3）效益评价。

在 6 年的试验期间，该方案生产了 $10 \times 10^4 \mathrm{m}^3$ 原油，与预计 $11 \times 10^4 \mathrm{m}^3$ 接近。该方案实施后，不但偿还了投资，而且产生了较好的经济效益。

（4）存在问题。

尽管该方案实施十分成功，效益良好，但发生过注入系统爆炸、压缩机损坏、燃烧前缘接近生产井而造成套管损坏和出砂等问题。

注气结束后，许多已加热的油留在较厚油层的较低部位，而不能被热水驱替出来。另外，虽然效益较好，但原油采收率低，尽管有 72% 的地质储量受到了驱替，但只有 42% 的采收率。

4. Bartlett 油田火烧油层试验

1978 年，Bartlesville 能源技术中心（BETC）在浅层 Bartlett 砂岩油藏中进行了小规模火烧油层试验。

（1）试验目的。

Bartlesville 能源技术中心在 Bartlett 油田的 Bartlesville 砂岩油藏中进行火烧油层试验的目的，主要是评价在浅层、低渗的陆相重油油藏中进行火烧油层的技术可行性，以便为在这类油藏中实施火烧油层试验提供经验和指南。

（2）油藏特性与井网布置。

坎萨斯的 Bartleft 油田的 Bartlesville 砂岩油藏埋深 182.88m，平均渗透率 $177 \times 10^{-3} \mu\mathrm{m}^2$，原油密度为 $0.966\mathrm{g/cm}^3$，黏度 1270mPa·s，油藏特性主要参数详见表 6-6。

表 6-6　Bartlesville 油藏和原油特性

序号	参数	单位	数值
1	油藏深度	m	182.9
2	火烧油层方案范围	m²	5060

续表

序号	参数	单位	数值
3	产层厚度	m	3.66
4	孔隙度	%	22
5	渗透率	$10^{-3}\mu m^2$	177
6	含水饱和度	%	35.3
7	火烧油层开始时含油饱和度	$\%(m^3/m^3)$	$43(7.73 \times 10^{-3})$
8	油藏压力	MPa	0.344
9	油层温度(井底)	℃	18.3
10	原油密度	g/cm^3	0.966
11	原油黏度(井底)	mPa·s	1270

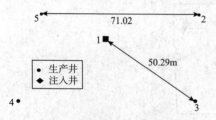

图6-5　Bartlet试验井网

试验区面积 $2.02 \times 10^4 m^2$，1977年钻1号井，与作为生产井的2、3、4和5号井，构成 $0.51 \times 10^4 m^2$ 的反五点井网。井网中心为注入井，其余为生产井，井网形状如图6-5所示。

（3）试验情况。

第一次点火于1978年9月，采用电点火系统进行。加热器额定功率为21.37kW，流过加热器的热空气将热量带至油层。空气流量控制在 $4.29 \times 10^3 m^3/d$，在射孔处温度为565℃，加热器在井内停留6天。加热6天后，在注入井和生产井测得的井温和生产井中的 O_2 和 CO_2 的组分分析表明，点火和燃烧成功。试验初期的6个月中，测试与解释表明，第一次点火在地层中未能形成燃烧。

注入示踪剂试验表明，气体从一口未封闭的报废井（位于注入井东北约0.4km）跑掉，表明空气是从东往西方向流动的，故而没有足够空气量到达燃烧前缘，以维持正常的燃烧。随即（1979年8月）挤水泥封堵注入井原有孔眼，并在其上部重新射孔，同时对生产井进行水力压裂和化学处理，以增加注入井与生产井之间的连通性。

第二次点火于1979年9月进行。测试表明，试验的前两个月温度略有上升，但因地面设备发生故障而熄火。随后再次点火未获成功。示踪剂测试表明，大量空气由生产井压开的裂缝绕过井网泄漏掉了，故于1980年7月以失败而结束试验。

5. Teapot Dome油田火烧油层试验

这里着重介绍美国怀俄明州Teapot Dome油田NPR-矿区Shannon油层火烧油层试验情况。

（1）油田开发情况。

Teapot Dome油田NPR-矿区Shannon油层是NPR-矿区9个产层中最浅的油层。该油层原始原油地质储量（OOZP）$0.23 \times 10^8 m^3$。1922年投产，1976年开始全面开发，至今产出原油 $2.4 \times 10^6 m^3$ 以上。一次采油期间估计只采出其5%。为了提高采收率，1978年对火烧油层、聚合物强化注水驱油方法展开了先导性试验。

火烧油层试验之前，从Shannon油层中日产油 $143m^3$。研究认为，Shannon油层采用火烧油层是提高采收率最有效的方法。于是，1981年开始实施火烧油层试验，到1986年结束。由于 Shannon 油层存在裂缝，对注入空气流动影响较大，故而火烧油层试验效果极差。在整个试验过程中，共计产油 $11.5 \times 10^4 m^3$，但其中大约仅 $270 m^3$ 预计产至 $2.02 \times 10^4 m^2$ 的先导试验区，其余均产自试验区附近的生产井。

（2）油藏描述。

NPR-矿区位于怀俄明盆地 Teapot Dome 背斜上的 Shannon 砂层，是 NPR-矿区内 9 个产油层中深度最浅产能最大的地层。NPR-矿区及火烧试验区位置如图 6-6 所示。

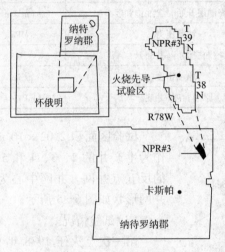

图 6-6　NPR-3 矿区位置

Shannon 油藏是一白垩纪滨外沙坝型油藏。埋藏深度 $91.44 \sim 152.4 m$，面积 $1416 \times 10^4 m^2$。该油藏中间夹有泥质粉砂岩。将该油藏分为上下两层，上层砂岩有效厚度 $14.32 m$，下砂层 $7.62 m$，最大总厚度 $30.48 m$。

Shannon 是一个具有天然裂缝的泥质砂层，加权平均孔隙度 18%，加权平均空气渗透率 $63 \times 10^{-3} \mu m^2$，原油为（密度 $0.865 g/cm^3$）轻质低硫油，在 $18.33℃$（井底）下原油黏度 $10 mPa \cdot s$，原始含油饱和度为 $35\% \sim 60\%$，加权平均含油饱和度为 40%。

根据测井、取心等研究认为，Shannon 储层为沙坝边缘沉积和生物扰动大陆架砂岩与粉砂岩。根据地质模型研究，Shannon 砂层属于以天然裂缝性为主的油藏。研究发现，上 Shannon 层比下 Shannon 层物性好。上下砂层从顶到底孔隙度和渗透性都逐步变差。储层物性主要参数列于表 6-7。

表 6-7　**Shannon 储层特性主要参数**

地层	有效厚度/ m	孔隙度/ %	水平渗透率/ $10^{-3} \mu m^2$	垂直渗透率/ $10^{-3} \mu m^2$	原始含水饱和度/ %
上 Shanron 层					
沙坝边缘	3.05	26	200	2	45
沙坝中间	1.83	22.5	20	0.4	50
生物扰动大陆架	9.75	18	3	0.05	66
下 Shanron 层					
沙坝中间	0.91	24	45	0.05	48
生物扰动大陆架	6.71	16	0.5	0	70

由岩性描述和测井资料绘制的 Shannon 砂层沉积剖面如图 6-7 所示。

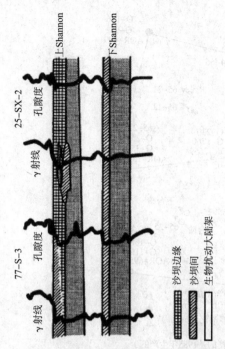

图 6-7　岩性和测井描述的 Shannon 砂层沉积剖面

根据油藏研究，Shannon 储层预计原始石油地质储量（OOIP）为 $0.23 \times 10^8 m^3$，但可采储量仅为 $470 \times 10^4 m^3$，预计采收率为 20.4%。

（3）火烧油层项目准备情况。

Shannon 油层火烧油层项目准备主要包括对项目前期储量分析、试验区的确定、井网布置、钻井和完井以及设备准备等。

①先导性试验前的工作。

在实施先导性试验前，对储层特性重新进行了评价与分析。根据油藏特性研究了火烧油层的可行性，提出了燃料消耗和空气需要量的关系式。

针对 Shannon 储层，当空气－油比为 $249 m^3/m^3$ 时，预计空气消耗量为 $179 m^3/m^3$。计算燃烧前缘的最低速度为 38.1 mm/d。

②选择试验区。

根据测井和岩心资料对油藏特性的评价，来选择火烧油层先导试验区。该试验区选在 3 区 Shannon 构造顶部，认为此部位无裂缝和断层。但事后证实，该部位也存在裂缝，并给项目的进行造成了困难。

③井网规划。

根据上述研究和油藏特性，以及火烧油层要求，先导试验区井网规划如图 6-8 所示。该试验区由 4 个 $1.01 \times 10^4 m^2$ 反五点井网组成，其中包括 9 口生产井、2 对注入井（上、下 Shannon 砂层各 1 口）和观察井 10 口。另外，紧靠试验区还有 3 口井。

在作业初期，每个井网中只有 1 口注入井钻穿 Shannon 上、下砂层，其余注入井视试验情况而实施。

（4）完井。

注入井和生产井均下入 5in 的 K-55 套管，按热采标准规定选用材料，耐高温水泥返至地面。

注入井根据设计要求，在预计位置以 13 孔/m（4 孔/ft）密度射孔。注入井完井后，需测定空气注入能力指数。典型的注入井井身结构如图 6-9 所示。

对生产井则在整个生产层范围内以 6 孔/m（2 孔/ft）的密度射孔。并于 1984 年对试验区内的生产井进行了水力压裂，目的在于提高地下集油效率和减少油往井网以外运移。

生产井安装普通游梁式抽油机，外加 2in 厚油管下到产层底部，用空心抽油杆抽油。从抽油杆与油管之间的环空泵入冷却水，使抽油泵降温。典型的生产井结构如图 6-10 所示。

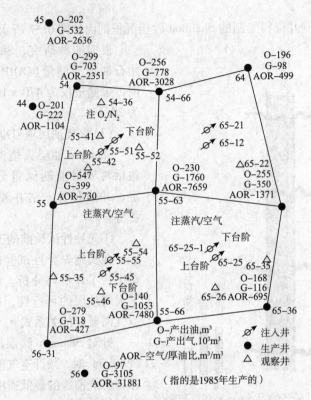

图6-8　NPR-3区火烧油层先导试验井网规划

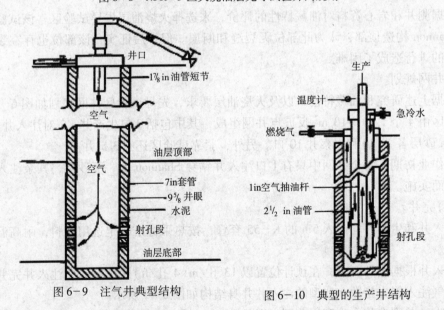

图6-9　注气井典型结构　　　　图6-10　典型的生产井结构

　　观察井钻井和完井与其他井相同。观察井套管内下入K型热电偶，以便于测量不同深度地层的温度。观察井的井位由视脉冲试井确定，一般均布在能获得有关燃烧前缘资料最多的地方。

（5）地面设施。

①点火设备。

NPR-区采用了几种不同的点火和维持燃烧方案。这些方案包括电加热点火、气加热点火和蒸汽预热点火等。此外，1984年还采用了注富氧空气作为维持燃烧的方法。

②地面设备。

NPR-区火烧油层先导试验地面设备包括空气压缩机、气体压缩机、氧气/氮气冷冻设备、移动式蒸汽发生器、便移式冷凝水装置和产出液集输与处理设备等。

两台燃气发动机驱动的五级往复式撬装压缩机在7MPa出口压力下，设计排量为$8.5 \times 10^4 m^3/d$。

氧气/氮气冷冻装置由冷容器、往复泵、蒸发器、储气罐以及辅助设备与控制设备等组成。

(6)点火试验。

本项目共进行3次点火试验。其中，前两次虽然点火成功，但未能维持燃烧，第三次采用富氧和蒸汽等预热方式点火成功，并能维持正常燃烧，为继续试验创造了条件。

①第一次点火试验：

1981年12月开始第一次点火试验。井网采用井下电加热器点火。计划先点燃Shannon下层，然后再点上层。点火器下到Shannon下层射孔段的顶部，同时由油管注入空气$340m^3/h$，点火未成功。可能空气进入了渗透性较高的Shannon上层。

将点火器上提到Shannon上层的顶部，注气，于1982年1月点火成功。燃烧10天后，温度剖面显示油藏还在变热。第一口注入井点燃后，因点火器发生故障，第二口井未点燃。第一口注入井虽然点燃，并使地层燃烧，但没有长期维持下去。因而，此次利用电加热器法点火未获成功。

②第二次点火试验：

对第一次点火失败原因分析后认为，可能是油藏温度低、注入剖面不佳的缘故。于是，1982年5月分别在每个井网的Shannon上、下层各钻1口注气井，然后利用气体加热器方法进行点火。

1982年7月完成Shannon上层的4口新注入井，并对其中一口井(55-42井)进行了燃气点火。在4天点火期间注入空气和天然气，注入速度分别为$5.66m^3/min$和$0.20m^3/min$，产生热量为$114 \times 10^8 J$。从温度和示踪剂监测来看，此次点火成功。随后，在其余井中也点火成功。但是，通过3个月的监测表明，地层中并未持续维持燃烧，故于1982年12月终止注气。

分析认为，每米厚度的油层维持燃烧至少需要$16.4 \times 10^8 J$的热量，点火温度为320℃，原油的比热容为$2.72kJ/(kg·℃)$，按油层平均射孔段12.65m计算，需注入热量$114 \times 10^8 J$。实际上，仅每米不到$10.4 \times 10^8 J$，若还有40%注入热量损失在裂缝内，那么每米油层的实际注入热量仅有$6.24 \times 10^8 J$，这就是不能维持燃烧的根本原因。

研究认为，预热局部油藏或提高注入空气中氧的浓度，是第三次点火试验能够实现点火和使储层维持燃烧的方法。于是，将先导试验区分为两半：北井网和南井网，各由2个$1.0 \times 10^4 m^2$的反五点井网组成。南井网试验采取预热方法，北井网试验采取注富氧空气的方法。

a. 南井网。

为了预热油层，在注空气之前注蒸汽段塞。1983年7月~1984年2月向两个面积为

$1.0 \times 10^4 m^2$ 的五点井网中注入蒸汽。在点火前，向每口注入井注入 $12.7m^3$ 高活性热亚麻油。蒸汽预热/注亚麻油的注入井井口结构如图 6-11 所示。

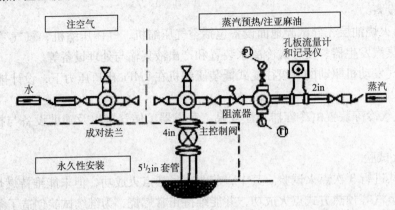

图 6-11　注蒸汽预热/注亚麻油的注入井井口结构

为了提高亚麻油的温度，注蒸汽 12h 之后才开始注亚麻油，这样可防止亚麻油反向燃烧损坏井筒。计共向油层注入了 $674.7 \times 10^8 J(133.4 \times 10^8 J/m)$ 的热量。用于 4 口注入井的蒸汽预热和燃气点火的累计注入热量列于表 6-8。

表 6-8　用于预热和点火的累计注入热量

注入井号	蒸汽预热/10^8J	燃气点火/10^8J	射孔段长/m
55 - 45	140482. 7	1112. 885	9. 4888
55 - 55	193915. 3	108. 665	12. 8016
65 - 25	187784. 7	109. 72	15. 5448
65 - 25 - 1	132930	124. 49	12. 8016
平均值	163778. 2	113. 94	12. 6492
亚麻油供热	19580. 8	0	
总平均供热	168673. 4	113. 94	

在注蒸汽预热期间，先导试验区内和附近井的油水产量增加，观察井温度上升。蒸汽预热期间油水产量变化如图 6-12 所示。

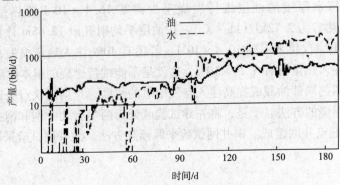

图 6-12　注蒸汽预热期间邻井油水产量变化情况

蒸汽预热之后，由注入井向地层注入高于93.3℃的热空气，并使其发生自燃和维持燃烧。燃烧情况由观察井温度和生产井中的气体成分分析得到证实。连续注空气到1986年4月为止。

b. 北井网。

燃烧管试验表明，用富氧空气代替蒸汽预热也可使油藏维持燃烧。为此，在1组井网（西北井网）中进行了试验。

注富氧空气工艺过程是将氧气和氮气输送到冷冻器组中，然后从中抽出液态氧和氮，经蒸发器泵送到储气装置，最后抽出需要量混合后注入井内。纯氮气和氧/氮混合气是由两根管线分别送入注入井的。

在注入混合气之前，进行了氧气示踪剂试验，以评价氧气早期气窜的可能性。试验表明，注入井与生产井之间的连通性并未因压裂作业而增加。

在两口注入井（55-42井、55-51井）中各注入亚麻油约13m³，其饱和半径为2.04m。随后于1984年8月注体积分数分别为20%氧和80%氮的氧/氮混合气，此后逐渐加注富氧空气，并使氧浓度慢慢达到40%。但从观察井中未见到燃烧反应，故而点火仍未成功，于1985年3月终止试验。

（7）先导试验分析。

这次先导试验仅在南井网获得成功。从先导试验南井网中产出近1701.3m³的原油。总的来讲，NPR-3区火烧油层试验中仅南井网部分井点火成功并能维持燃烧，但在北井网均以点火失败而告终。即使在南井网燃烧成功，其效果也不尽人意。试验区仅产出2719m³原油，为原始地质储量的23%，气油比为7000m³/m³。

表6-9和表6-10给出了该项目试验过程中注入和产出的注入剂数量。两口观察井测试温度超过260℃，有些生产井也排出浓度很高的CO_2，但仅有24%的井是燃烧着的。有关数据列于表6-11。

表6-9　注入和产出注入剂量（1982年6月注气，1986年4月停注）

项目		时间/年					
		1982	1983	1984	1985	1986	总计
注空气总量/m³		14385.0	11043.6	12657.6	11241.8	991.1	50319.0
注蒸气总量/m³		0	19552.19	8458.61	0	0	28010.20
有排出气量记录的井号	54	1407.06	1657.55	627.26	702.70	183.75	4578.32
	55	364.62	326.40	551.39	399.50	68.00	1709.91
	56-31	164.46	179.36	246.03	118.36	19.75	727.96
	54-66	478.27	679.71	574.57	776.69	138.30	2647.54
	55-63	632.12	827.61	1014.83	1760.40	155.46	4390.42
	55-66	715.54	1403.79	1372.07	1053.43	123.57	4669.4
	64	522.04	702.08	154.77	97.64	18.62	1494.15
	65	1387.55	1441.12	298.06	350.06	30.57	3507.36
	65-36	472.46	363.00	169.76	115.93	13.34	1134.50

项目	时间/年					总计
	1982	1983	1984	1985	1986	
试验区的井号	44	0	195.13	163.84	221.93	57.45	638.41
	45	0	233.96	547.96	537.33	62.86	1382.14
	56	0	166.50	2278.39	3105.25	125.00	5675.14
合计		6145.13	8176.21	7998.95	9239.30	996.66	32556.25

注：①1986 年的排出气量为 1986 年 1 月 1 日~8 月 31 日的排气量；②由氧气剖面可知，从其他井已产出排出气，但未测量排气量，因此产出的注入剂量是保守的

表 6-10　产水量(m³)

井号		时间/年				总计
		1983	1984	1985	1986	
有排出气量记录的井号	54	64.55	68.21	22.25	7.00	162.01
	55	20.67	78.86	24.17	7.15	130.85
	56-31	57.71	830.71	129.89	17.81	1036.12
	54-66	44.36	35.77	7.00	0	87.13
	55-63	223.54	573.94	84.58	19.56	901.62
	55-66	503.99	1601.32	152.95	24.64	2282.89
	64	34.50	137.21	19.71	0.95	192.37
	65	252.15	353.27	44.83	21.15	671.40
	65-36	273.46	333.40	67.89	41.81	716.55
试验井	44	4.61	67.73	126.24	15.74	214.32
	45	13.20	131.48	14.79	37.36	117.33
	56	10.81	17.49	47.70	33.86	109.86
合计		1503.55	4149.90	742.00	231.49	6626.94

注：表中数据是指 1983 年 8 月以后的产水量

表 6-11　南井网先导试验动态分析

序号	项目	单位	西南井网	东南井网
1	井网面积	m²	1.2×10^4	1.0
2	地层厚度	m	3.48	4.3
3	孔隙度	%	23.1	21.4
4	孔隙体积	m³	10626	9275
5	含油饱和度	%	50	50
6	原油体积系数	m³/m³	1.01	1.01
7	地下原油储量	m³	5261	4592

序号	项目	单位	西南井网	东南井网
8	燃烧孔隙体积	m³	2639	2178
9	燃烧占总井网量	%	24.8	23.5
10	燃烧量	m³	407	298
11	燃烧层总储量	m³	1305	1079
12	驱替油量	m³	946	765

注：①主要是沙坝边缘（可能有一些中间沙坝）；②燃料＝燃烧体积×燃料含量

分析表明，由于各试验井网之间流体相互作用和注入空气、燃烧气和产出液向试验区外窜流，所以很难确定效果不好的原因。另外，Shannon 油藏上、下层都有生产井，从而使上、下层产出的气液混在一起，这就更增加了评价先导试验动态的复杂性。

图 6-13 为 1985 年 3 月测得的流出试验区以外的氧气情况。

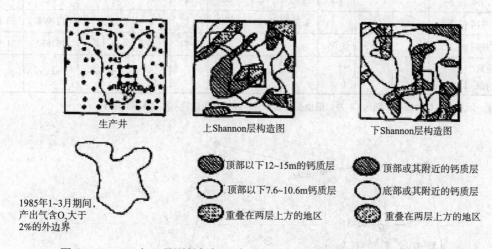

生产井　　　　　上Shannon层构造图　　　　　下Shannon层构造图

1985年1~3月期间，产出气含O₂大于2%的外边界

顶部以下12~15m的钙质层　　　　顶部或其附近的钙质层
顶部以下7.6~10.6m钙质层　　　　底部或其附近的钙质层
重叠在两层上方的地区　　　　　　重叠在两层上方的地区

图 6-13　1985 年 3 月测得氧气运移到 NPR-3 区火烧油层试验以外的情况

从图中看出，有 33% 的产出气量是从先导试验区南边的 56 井中产出的。这说明，气从裂缝窜出。另外，从图中还可看出，各井的产量响应已延展到试验区的三排井处。

2. 从先导试验中得到的认识

原来对 Shannon 地质特性的认识是假定在 NPR-3 区边界内不会出现地层不连续和孔隙度、渗透率变化问题的，但事实上并非如此。因此，对储层非均质性、裂缝/断块、原油物性、试验工艺等进行深入分析和研究是火烧油层方案成功的关键。

1）重视地质研究

1985 年对 Shannon 层进行了重新研究。首先，根据有代表性的岩相建立 Shannon 地质模型。应用并修正了 Tillman 和 Martinsen 岩相模型，对 Shannon 层海洋沙坝岩相进行研究。其次，检验断块和裂缝的影响。根据研究得出以下结论。

（1）由于渗透率低，Shannon 下层基本没有驱出油的潜力。

（2）Shannon 上层顶部 6.1m 井段具有足够的连通性，孔隙度和渗透率较高，具有潜在的驱油能力。

（3）断块/裂缝一开始就干扰着流体的流动方向。从先导试验区观察到注入空气窜流方向与裂缝方向一致。

2）燃烧后岩心分析

为了证实实际燃烧动态，1985 年钻了 9 口取心井并进行了分析。西北井网的氧气/氮气项目上部注入井和下部注入井之间钻 1 口取心井，其余 8 口取心井钻在南边两个区域内。

从西北井网 1 号井岩心中没有观察到任何燃烧迹象。南井网 8 口井的岩心中有燃烧过的迹象，如图 6-14 所示。取自东南井网中的岩心显示燃烧发生在 Shannon 上层的 3.05 ~ 4.57m 层段内，岩心分析列于表 6-12 中。从岩心分析中含油饱和度为零和黏土变化等数据证明地层发生过燃烧。

表 6-12　燃烧后岩心分析结果

项目	有效燃烧层/m									平均层厚/m	燃烧量/m	预计燃烧半径/m
取心井	C_1	C_2	C_3	C_4	C_5	C_6	C_7	C_8	C_9			
西南井网	NA	4.57			3.36	3.05	2.44		0	3.35	124968	33.22
东南井网	NA		3.35	3.35				3.74		3.14	103632	31.39
试验区平均值										3.26	114300	32.31

注：取心时燃烧前缘还未到达 C_9 井，但根据测温推测，燃烧前缘接近 C_5，NA 表无资料

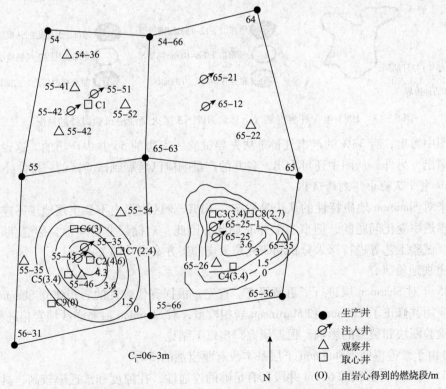

图 6-14　NPR-3 区岩心分析火烧油层燃烧体积等值图

南部井网地层属于沙坝边缘岩相，岩心分析和测井解释二者相关性很好，如图6-16所示。从东南井网 C_4 井岩心可以很清楚地看到火烧油层情况的好坏。从西南井网 C_9 井岩心上则可清楚地显示出加热对驱油的影响。这两口井的岩心上均有天然裂缝。C_4 井岩心100%的原油被烧掉或被驱替走，但只是顶部4.57m维持燃烧，还显示出燃烧前缘推进到裂缝处就停止了。被驱替出的油可能都泄入到裂缝中去了。C_9 井岩心中没有见到任何燃烧的迹象，但裂缝中含有许多油，表明油层中被驱替出来的油进入了裂缝，这就表明了试验区以外的井增加原油产量的缘由。

从注入井附近取心井（C_2 井和 C_3 井）的岩心中发现，Shannon下层的燃烧只与裂缝相关。尽管显示出不同的流向，但燃烧前缘基本上是径向扩张的。燃烧范围在西南井网内已接近于径向方式，东南井网则近似于椭圆形，如图6-15所示。岩心分析表明，先导试验区内平均燃烧半径预计为32.31m（见表6-12）。

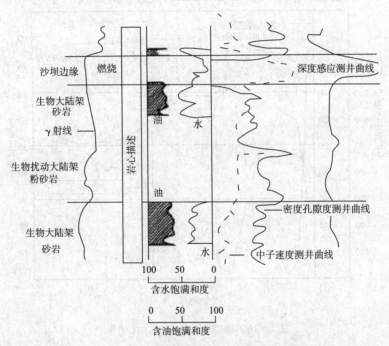

图6-15　燃烧层段岩心测井解释相关图

燃烧速率可用温度响应与岩心分析来计算，计算出的燃烧速率差异很大则说明为非径向驱替。但实际试验得出的结论却是径向的，故而上述分析仅供参考。观察井和取心资料计算的燃烧速率列于表6-13。

表6-13　观察井资料计算的燃烧速率

观察井号	注入井号	井距/ m	点火日期	响应日期	响应天数/ d	注入面积/ m^2	注入速率/ (m^3/h)	空气流通量/m^3	实际燃烧速率/ (m/d)
65-26	65-25	26.5	1984.1.18	1984.5.15	118	543.4	350.2	2.11	0.223
55-46	55-55	28.04	1984.2.10	1984.5.28	117	574.6	356.1	1.52	0.2408
55-46	55-55	27.74	1984.1.2	1985.1.2	539	568.4	369.6	2.53	0.052

3）注入速率试验

取心之前，注入井上、下层平均日注空气量为 $1132m^3/d$。该注入量是根据最初地质解释确定的。新近储层特性研究证实，可驱替的砂层（$\phi = 0.18$，$K = 63 \times 10^{-2}\mu m^2$），$S_0 = 0.4$，深度在 $91.4 \sim 97.54m$ 之间，这 $6.14m$ 的有效厚度是最初设计的一半。燃烧管试验证实，Shannon 层的燃料含量为 $24.28 \sim 41.65kg/m^3$，沙坝边缘的 ϕS 值为 0.1（即 0.2×0.5），说明驱油所需空气量可能很大。比如氧利用率为 100% 时，空气需要量为 $267 \times 10^4 \sim 534 \times 10^4 m^3/m^3$。

为了减小 AOR（空气–油比），只有改变注入量，并对产出气进行监测，目的是为了确定与沙坝边缘有关的氧利用率和燃料量，以便精确调控先导试验。典型井的响应如图 6-16 所示。

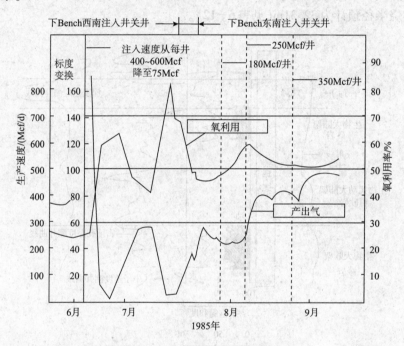

图 6-16　典型井注入量的优化结果

研究确定的 Shannon 沙坝边缘岩相燃料量为 $26.75kg/m^3$，氧利用率为 55% ~ 75%。根据该研究，在 100% 氧利用率下，注入空气–油比可减至 $4300m^3/m^3$。这相当于在氧利用率分别为 75% 和 55% 时，注入空气量为 $5700 \sim 7800m^3/m^3$。空气量增大的原因，可能是空气流进了裂缝，也可能是岩石中的燃料足以维持燃烧。

Shannon 下层停注时，Shannon 上层注入量也减少了 50%，测出的 AOR 已从 $4270m^3/m^3$ 降到 $1781m^3/m^3$ 以下，数据如图 6-17 所示。图 6-18 显示出了减少注空气量后并没有影响产油量。

1984 ~ 1986 年间，试验区内 9 口生产井以及试验区外其他井的产出量相当于注入空气的 83%，其余的 17% 可能进入了裂缝或其他井。

二、生产动态分析

火烧油层先导试验区内 9 口生产井的产量如图 6-18 所示。由于试验区小，而且流体往试验区以外窜流，因此对生产动态分析较为困难。例如85-5-3井，该井位于试验区外，在火烧油层试验期间，产量明显提高，如图6-19所示。

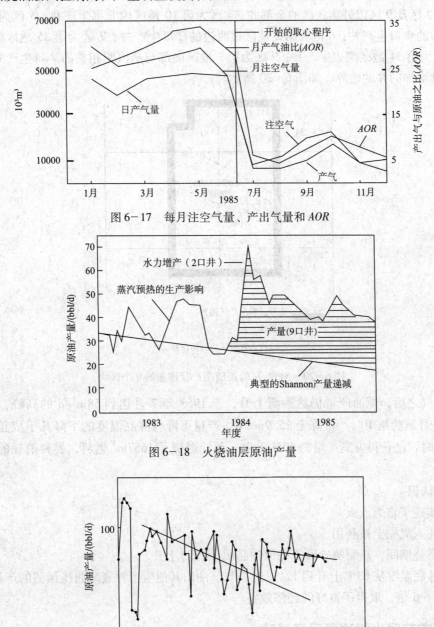

图6-17　每月注空气量、产出气量和AOR

图6-18　火烧油层原油产量

图6-19　85-5-3井火烧油层期产量动态

油藏压力为1.7MPa，注入空气压力2.0MPa，二者压差使注入气体进入裂缝是必然的。但给火烧油层评价分析带来了困难。比如，1983年6月~1985年12月，试验区内和其周围第一排生产井的产量超过11500m³，但试验区，9口生产井产量仅2720m³。

试验区外产量分析：

为了评价试验区外生产井的动态，将火烧试验区周围的面积分成 9 块(4 口老井、5 口新井)。这 9 个区的划分为：1 区为试验区第一排生产井，2 区为第二排井；3 区为除试验区和 1，2 区及 9 区以外第 3 区的全部井；4 区为第 10 地区内北部生产井；5 区为第 11 地区西北角的 4 口生产井；6 区为第 2 地区最西边的 2 口生产井；7 区为第 35 地区南边生产井；8 区为第 34 地区南边生产井；9 区为第 3 地区南部与蒸汽驱相关的 7 口生产井。试验区外产量增加的井的边界，如图 6-20 所示。

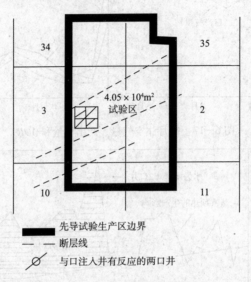

图 6-20　NPR-试验区周围产量增加的 9 个区块

停注气之后，原油产量仍然逐渐上升，于 1963 年 7 月达到 58m³/d 的高峰，此后至 1964 年 6 月试验结束时产量降至 15.9m³/d。产量下降与井底温度的下降几乎成正比。到方案结束时，已获得方案产量的 60% 以上。预计燃烧了 1657m³ 燃料，燃料消耗的上限为 35.2kg/m³。

几点认识：

(1)实现了自燃点火。

(2)注入氧完全被利用。

(3)燃烧期间，热裂解导致驱替原油品质(密度)上升。

(4)井底温度从 63℃ 上升到 121℃ 时，与该油田其他生产井衰减曲线预测的产量相比，产量增加了 6 倍，取得了良好的经济效益。

三、前苏联火烧油层现场试验

这里仅以前苏联巴甫洛夫山油田开展火烧油层试验为例进行简述。

1. 巴甫洛夫山油藏特性

巴甫洛夫山含油区，位于涅夫捷戈尔斯克镇西北 3km 处。早在 1938 年，根据地球物理资料就确定了巴甫洛夫山西海湾迈科普组 Ⅰ 层是含油层。在巴甫洛夫山境内迈科普组 Ⅰ 层是由 4 个与泥岩薄层交互的砂层或砂岩组构成的。西海湾位于一单斜层，北东向倾角约 11°。西海湾东北方向有边水。沿着走向油藏长约 1000m，而其平均宽为 950m。油层埋藏深度，在最高部位为91m，在含油边界附近为275m。岩心特性见表6-14。含油饱和度为71%情况下油层参数平均值见表6-15。

表6-14　岩心特性

井号	有效厚度/m	孔隙度/%	渗透率/$10^{-3}\mu m^2$	含油饱和度/%
22	7.7	25.0	1036	61.1
18	5.0	24.9	1990	75.8
18a	7.0	24.2	1265	71.0
21	5.9	25.0	828	70.0
24	4.0	27.5	321	69.4
20	7.5	24.0	956	74.4
3	3.5	21.7	288	—
4	4.3	24.1	536	—

表6-15　含油饱和度为71%的情况下油层参数平均值

参数名称	试验区内井的单元		
	第一单元	第二单元	第三单元
面积/$10^4 m^2$	1.545	1.5	2.56
油层平均埋藏深度/m	247	225	244
油层有效厚度/m	7	4	4.8
孔隙度/%	25.0	22.9	27.9
地层温度/℃	21	21	21
渗透率/$10^{-3}\mu m^2$	1100	410	700
原油密度/(g/cm^3)	0.945	0.945	0.945
地层条件下原油黏度/mPa·s	173	173	173
硫酸胶质含量/%	36	36	36
H/C 比值	1.587	1.587	1.587
焦炭残渣数量/(kg/m^3)	28.4	28.4	28.4
燃烧所用单位空气耗量/(m^3/m^3)	350	350	350
原油残炭值/%	4.5~5.3	4.5~5.3	4.5~5.3

2. 火烧油层开发情况

在火烧油层作业开始之前，Ⅰ层油藏的原始地层压力为1.5MPa。1957年10月开始开采这个油藏，日产原油6.5t。平均日产原油最多21t，随后产量下降。到1964年底，在采油井数为13口的情况下，日产油量稳定在5t的水平上。

1961年5月，为了保持地层压力，开始向油层注水。但是由于水窜入采油井而停止注水，导致含水率下降，从井中采出纯净原油。

根据产油量的实际递减曲线(在采用火烧油层采油方法之前)确定，若是不采用提高采收率的方法生产，早在 1977 年这个油层的开发就结束了。这就是说，当以消耗驱动方式开发油层时，最终油层原油采收率大致为 11%。

3. 火烧油层方案的制订依据

为了应用火烧油层方法，在选择处理层时，首先在平面和剖面上，处理层应是比较均匀的含油层；其次在获得良好效果的情况下，在该油田范围内可扩大热采法试验的规模。

地质学、水动力学、地球化学、化学和物理学等方面的详细研究表明，巴甫洛夫山迈科普组符合上述要求。

Ⅰ 层第二个含油层组（火烧驱油层）的有效厚度，由尖灭带至 22 号注入井区逐渐增加到 10m。

在该区块按三角形井网布井，井距为 200m。

4. 完井方法

火烧油层方案试验区内的采油井、注入井和观察井都下技术套管，固井水泥上返至井口。使用油层完井液打开产层。

为了保护技术套管不受高温影响，在其下部重叠下入一根用耐高温、带孔眼管材制成的 11~26m 长的尾管。该尾管每米预先钻 100 个直径 3mm 的孔眼。规定在技术套管和尾管之间装入石棉石墨制成的隔（密封）套。

注入井下 $8\frac{5}{8}$~$10\frac{3}{4}$in 套管，而采油井和观察井则下 $5\frac{3}{4}$~$8\frac{5}{8}$in 套管。尾管直径较小，为 $4\frac{1}{2}$~$5\frac{3}{4}$in。

所有新钻的井都钻开了油层，用套管固井，固井水泥上返至井口，然后射开油层。

5. 火烧油层方案实施情况

第一试验区方案实施情况：

按照所拟定的计划，1966 年 11 月 2 日在第一试验区，通过 22 号注入井开始向油层试注空气。试注空气分 3 个阶段进行，各个阶段之间的停注时间长短有所不同。

气体分析表明，开始注空气几天以后就发生了氧化过程。在第一阶段即将结束时（1966 年 11 月 25 日~12 月 10 日），对注空气反应最强烈的 17 号井的气体中 O_2 体积分数为 3.2%，而在停注期间（1966 年 12 月 10 日~12 月 29 日）降至 0.3%，同时 CO_2 体积分数增至 6%~7%。第一阶段注入的空气量为 $10.36 \times 10^4 m^3$。

随着 17 号井重新开始注空气，CO_2 体积分数逐渐地降至 4%，而 O_2 体积分数则增至 8.5%。第二阶段（1966 年 12 月 29 日~1967 年 2 月 10 日）共计注入空气 $37.4 \times 10^4 m^3$。在停止注空气后（1967 年 2 月 10 日~3 月 22 日），17 号井的气体中 CO_2 体积分数升至 13.6%，而 O_2 体积分数则降至 0.2%。在这一段时间内，观察井中的温度由 21℃ 升至 38℃。气体成分和温度的上述变化表明，原油的氧化反应引起原油燃烧。

从 1967 年 3 月 23 日起恢复注空气。在 3 月 23~29 日的这个阶段，当井口压力由 2.5MPa 升至 3.5MPa 时，井的吸收能力由 $16 \times 10^3 m^3/d$ 增至 $28 \times 10^3 m^3/d$。后来，尽管压力升至 3.6MPa，然而井的吸收能力却降至 $11.5 \times 10^3 m^3/d$。随着注空气的恢复，17 号井的气体中 O_2 体积分数降至 3.8%，而到 4 月 7 日不超过 0.1%。在这一阶段内，CO_2 体积百分数由 5% 增至 10%。1967 年 3 月 31 日以后，各井（17 号、24 号、9 号、18 号 a、21 号、18 号井）采出的气体中 O_2 体积分数不超过 1%~2%，CO_2 体积分数不少于 8%~14%，而观察井的气体中 CO 体积分数则为 1%~2%。这些资料可以证明已经在地层内形成了燃烧前缘。

18 号观察井的井温测量结果（该井井底到 22 号井井底的距离为 3.8m）和 22 号井中热电偶（位于油层顶界以上 14.5m 处）的资料都证明在 22 号井区已经建立燃烧前缘。例如，1967 年 4 月 12 日，在 18 号井井底测得温度在 218℃以上。1967 年 5 月 15 日，作为温度指示器置入该井井底的铅块熔化了。这证明温度在 327℃以上。

1967 年 3 月 31 日以后，22 号注入井的吸收能力急剧降低，也证明了燃烧前缘的形成。

对现有资料的分析表明，可以把 1967 年 3 月 29 日这一天看作是在巴甫洛夫山油田第一试验区建立燃烧前缘的日子。

第二节　国内火烧油层现场试验

一、胜利油田火烧油层现场试验

1. 概况

胜利油田先后在金家油田的 J10-16-3 井、J10-11-5 井、J10-16-X5 井、J10-13-5 井，高青油田的 G54-8 井，乐安油田的 CN95-2 井和王庄油田的郑 408 块 - 试 1 井上开展火烧油层先导试验。根据火烧油层筛选标准，在纯梁采油厂金家、高青，现河采油厂乐安和滨南采油厂王庄优选了 4 种不同类型 7 个火烧试验井组进行现场火烧试验。各火烧井组基本地质情况见表 6-16，试验井基础参数见表 6-17。

表 6-16　火烧试验井组数据

井号	层位	井段/m	厚度/m	油层物性					原油物性			类型
				ϕ/%	K/	S_o/%	储层物性	井底温度/℃	井底压力/MPa	地面原油黏度/mPa·s	地面原油密度/(g/cm³)	
J10-11-5	S_1^4	882.8~890.4	7.6	34.2	3871.6	46.5	砾岩	51	8.84	7280	0.9199	高渗透稠油油藏
G54-8	S_1^2	1065.0~1064.8	8.2	31.0	32.5	55.0	砾岩	55	10.9	2949	0.9750	低渗透稠油油藏
J10-16-5	S_1^3	828.0~836.0	8.0	36.3	1167.8	55.0	砂砾岩	47	8.34	3833	0.9572	蒸汽吞吐后油藏
J10-13-5	S_1^{1+2}	828.0~836.0	8.0	34.0	1100.0	55.0	砂砾岩	48	8.33	2330	0.9828	高渗透稠油油藏
CN95-2	S_1	873.0~881.0	22.9	16.9	3000.0	41.1	砂砾岩	58	1.60	15000	0.9800	蒸汽吞吐后油藏
郑406-试1	Es_3^2	1309.2~1334.0	18.0	25.9	800.0	62.3	砾状砂岩	59	19.50	1000~3500	0.9670	敏感性稠油油藏

表6－17　现场火烧试验数据

日期	井号	点火阶段						燃烧阶段			
		点火时间/d	注气速度/(m³/min)	功率/kW	点火温度/℃	注气压力/MPa	时间/d	注气速度/(m³/min)	累计注气量/10^4m³	注气压力/MPa	累计增油/t
1993.05～1993.08	J10－11－5	9.3	3.6～5.0	24～26	400～450	16.0	55.0	7.3～7.5	59.3	11.0	917.5
1994.06～1994.08	G54－8	9	4.0～5.0	20～29	380～440	19.8	48.0	7.5	42.5	21.8	307.4
1996.06～1996.12	J10－16－5	26.4	3.5～5.0	25～27	400～450	15.6	52.5	4.0～6.0	40.8	13.0	896.9
1997.07～1997.11	J10－13－5	8.8	3.2～6.0	25～28	390～450	10.3	102.0	4.0～10.0	73.2	8.4	1762.4
1998.10～1999.02	J10－13－5	38.0	3.0～3.5	30～32	380～420	11.5	60.0	7.2	213.0	7.6	1099.8
2001.03～2002.09	CN95－2	10.0	3.1～3.4	35～40	420～430	1.6	515.0	50.0	1358.0	5.1	2150.0
2003.09至今	郑406－试1	16.0	3.1～3.5	25～35	380～419	24.9	850.0	12.0	1300.0	21.0	16100.0

2. 火烧油层现场试验

1）G54－8井组

(1)通电点火。1994年6月10日开始试验，点火功率为20～29kW，注气速度为4.0～5.0m³/min，点火温度为380～440℃，累计注空气42.5×10^4m³。

(2)动态分析。试验期间，周围生产井产出气组分中CO_2含量高于5%，O_2含量接近零，说明地层燃烧状况良好。燃烧阶段注气压力较点火阶段高是由于渗透率低，注气压力不易扩散，难以形成火烧驱油造成的。一线生产井见到较好效果，试验前平均日产油2.1t，试验后平均日产油上升到5～8t，但由于注气设备排气量小、性能差，试验未达到方案设计要求被迫提前停止。

2）J10－13－5井组

(1)通电点火。从1998年10月6日通电，功率为30～35kW，注气速度为30～35m³/min，井底温度为420℃左右，累计注空气21.3×10^4m³，累计发热量为7400×10^4kJ。

(2)动态分析。J10－13－5井火烧试验期间，各受效井套压都有明显的上升趋势，井口温度由45℃上升到80℃以上，CO_2含量比较高，一直稳定在1%～3%，点火温度超过油层原油燃点，持续时间长，生产井氧气利用率均大于90%，说明电点火成功地点燃了油层，并维持高温燃烧，油层处于高温燃烧状态。

该井组一线受效井有4口，其中一线J10－13－6井试验前平均日产液8.9t，平均日产油2.6t，试验后液量上升到24~55t，日产油上升到10~32t(见图6-21)。该井组累计增油1099.8t。

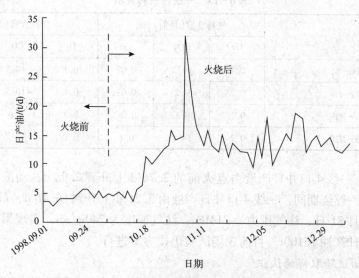

图6-21　J10-13-6井火烧前后产量变化曲线

3)CN95-2井组

(1)通电点火。2001年3月13日通电点火，点火功率为40kW，点火温度为420~430℃，注气速度为200m³/h。截至3月23日，CN95-1井动态监测CO_2含量达4.7%，点火取得了成功。

(2)动态分析。重点对一、二线生产井进行套压测量和气样分析。注气后3天，一线井中的CN95-1井、CN95-3井、CN94-3井共3口井存在套压，CO_2含量分别为4.0%、3.4%、1.2%，随后套压和CO_2含量上升的井数不断增加，CN95-1井CO_2含量最高达17.1%，CN95-3井CO_2含量最高达17.2%、氧气利用率99%。

开井的30口观察井中，共有11口见效井，这11口见效井基本位于构造高部位，动态上表现出套压升高、CO_2含量上升、开井后油量上升、含水下降；其中一线井试验后10天，在开井数变化不大的情况下，日产油由10.9t/d上升到15.0~20.0t/d，最高达30.0t/d，含水亦由95%下降到88%；二线井试验后15天，高部位4口采油井(CN116-2井、CN116-3井、CN116-4井、CN96-1井)套压升高，液量下降，产量在关井数增加的情况下先降后升，二线井开井10口，日产液253.5t，日产油15.1t，综合含水94%。该井组累计增油2150t。

4)郑406-试1井

(1)通电点火。2003年9月7日通电点火，点火期间按照模拟点火参数控制井口电压、电流及注入风量，点火功率为35kW，风量控制在186~210m³/h，点火温度维持在380~419℃。注气压力始终保持在24.8~24.9MPa之间，一线井中出现CO_2，O_2利用率在98%以上，说明成功点燃了高压、敏感性稠油油藏。

(2)试验动态分析。对一、二线生产井的产出气进行跟踪分析。点火后4天，一线、二线井中郑406-19井、郑406-20井、郑406-21井出现CO_2，随后套压和CO_2含量上升的井数不断增加，截至2006年2月，郑406-8井CO_2含量最高达14.9%，郑406-N20

井 CO_2 含量 14.2%，O_2 利用率 98%（见表 6-18）。

表 6-18　一线井气样分析

井号	气样含量(目前)/%			气样含量(最高)/%		
	O_2	CO_2	CO	O_2	CO_2	CO
郑406-8	0.1	14.2	0.02	0.1	14.9	0.1
郑406-18	0.2	9.2	0.03	0.1	10.5	0.2
郑406-N19	0.1	9.1	0.09	0.1	9.6	0.1
郑406-N20	0.2	14.1	0.1	0.1	14.2	0.1

点火期间，一线 4 口井日产液由点火前的 2.7t/d 上升到 2.9t/d；动液面由 1058m 逐渐恢复到 935m。燃烧期间，一线 4 口井日产液由 5.2t/d 上升到 16.4t/d，最高达到 36t/d。截至 2006 年 1 月 31 日，注气压力为 21MPa，注气速度为 740m³/h，实现累计注气 1300 × 10^4m³，井网累计产油 16100t。目前现场试验仍按方案进行。

3. 火烧驱油试验取得的认识

(1)胜利油田火烧驱油开采技术已取得重要进展，配套完善了火烧油层点火工艺、动态监测、注气工艺等技术。

(2)已在高渗透稠油油藏、低渗透稠油油藏、蒸汽吞吐后稠油油藏及敏感性稠油油藏 4 种不同类型的油藏上开展火烧油层现场试验，并获得较好的增油效果。

(3)胜利油田火烧驱油开采技术的研究成功，为今后其他油田难动用储量的开发提供了技术储备。

二、新疆克拉玛依油田火烧油层现场试验

1. 8001 井组试验

1)地质概况

8001 井组位于新疆克拉玛依油田黑油山三区与四区之间，在黑油山鼻状隆起的北翼，南高北低，倾角 1°15′。火烧层位是克上组 S_3^2 层，深度在 30m 左右。岩性以中粗砂岩和中细砂岩为主，泥质砂岩零星分布，但平面分布不均匀，垂向层理相互交错，裂缝发育，井组南部 100m 为沥青丘带，西北部钻有大批裸眼井，井组油层密封性差。油层厚度变化大，在 0.5 ~ 2.4m 之间，平均为 1.22m，由南到北厚度逐渐增大(1 ~ 2.65m)，东西两侧逐渐变薄。油层孔隙度平均为 23.4%。含油饱和度为 60%，含水饱和度为 40%。有效渗透率变化在 $58 × 10^{-3}$ ~ $300 × 10^{-3}$ μm²，脱气原油相对密度为 0.9134，在 20℃ 条件下黏度为 1466.2mPa·s。原始地层压力为 0.91MPa，原始地层温度为 12.5℃。总起来说，8001 井组是属于中渗透、高黏度、低能量的非自喷油层。

2)试验简况

8001 井组原设计是以 8005 井为火井的反五点法井网，但钻开 8005 井时发现该井没有有效厚度，因此调整确定以 8001 井为火井的面积井组。1965 年 6 月 25 日点燃油层后，在燃烧过程中发现 8002 井、8004 井和 8005 井方向连通性很差，气流向西南及南方流窜，外溢量达 78.2%，井组燃烧不好，产油量低，产气量小。因此进行以诱导气流为主的第二次

井网调整，7 月 28 日前补钻了 8009 井和 8010 井。两井边喷边钻，其中 8009 井喷出约 50t 油。接着于 10 月 30 日前钻完 8012 井、8013 井和 8014 井。当所有新井投产后，为适应燃烧区扩大的需要，又于 1966 年 2 月开始进行第三次完善井网，先后补钻了 8018 井、8017 井、8023 井、8015 井、8029 井、8019 井和 8030 井等。至此整个井组拥有火井 1 口，生产井 17 口(不包括 8002 井、8004 井和 8005 井)，面积为 20050m² 的不规则的扇形井网。火井以南计有生产井 3 排，井距 40~10m 不等。

本井组在处于外溢气量大和受补钻新井所造成井喷干扰的情况下，正常燃烧了 815 天(截至 1967 年 9 月 10 日停止供气止)，而且于 1966 年 7 月 1 日成功地进行了移风接火试验，为管火创出了一条新途径。停止注气后，井组还进行了余热利用试验。从 1967 年 9 月 10 日到 1968 年 7 月 31 日连续注水 325 天，以便利用地下余热进行热水或蒸汽驱油试验，为降低采油成本积累了经验。试验结束后，为验证燃烧动态钻了 11 口取心井。

3)试验成果

(1)井组生产情况。

本井组在整个试验期间采出原油 2463.7t，地质储量 5163t，采收率为 47.7%。火烧阶段采油 1994.5t，占地质储量的 38.6%，产水 3093.4t，火烧阶段累积含水比 60%。注水阶段采油 469.2t，为地质储量的 9.2%。井组共注气 3675×10⁴m³，采出气 1651×10⁴m³，注采比 0.447，每立方米原油耗气 1.7×10⁴m³。井组实际火烧面积 11350m²，占试验区面积的 39.1%。火线内储量 2483.8t，采出油量 1539.3t，占已烧面积内储量的 64%。井组年采油速度提高到 20% 以上，往南的火线推进日平均速度为 0.22m/d。

井组油层燃烧后，油井产量大幅度上升，油井全部转为自喷。日产油量由火烧前单井试油资料每天提捞 36.4kg 提高到单井平均日产 0.6t 左右，受热效影响的反应井的分布与火线推移的方向一致。沿井组东南方向的井，如黑 107 井、8017 井、8018 井及 8020 井等井见效好，单井累积产量高。而井组西部反应比较差，如 8011 井和 8016 井等，见表 6-19。

表 6-19　单井产量对比表

井号	火烧油层单井产量			注水前 1 月单井平均产量/(t/d)	注水期间单井产量		
	最高/(t/d)	平均/(t/d)	累计/t		最高/(t/d)	平均/(t/d)	累计/t
黑 107	1.73	0.71	243.52				
8017	1.30	0.62	361.067	0.33	0.67	0.4	84.92
8018	1.20	0.63	372.905	0.12	0.32	0.2	43.634
8020	1.21	0.55	223.216	0.32	0.70	0.34	68.779
8011	0.06	0.016	75.057	0.012	0.26	0.11	23.768
8016	0.14	0.064	34.988	0.079	1.12	0.44	93.735

(2)垂直燃烧率。

井组垂直燃烧率是比较高的，通过 11 口井的取心资料(取心井位见图 6-22)，平均为 76.3%。井组南北方向岩性粗，连通性好，燃烧厚度均在 1.5m 以上，垂直燃烧率达 80% 以上。而井组东西两侧岩性较差，燃烧厚度为 0.3~0.45m，垂直燃烧率只有 50% 左右。

从取心井还可以看出由于火烧的纵向位置主要是位于油层上部和中部，即使尚未烧过的非有效厚度（邻近烧过的井段），由于受热效的影响，残余油饱和度最多不超过5%，一般都基本上不含油。如在火线内所钻的7口井中，验4井和验5井顶部盖层全部受影响，其余顶部和中部都有不同程度的影响，具体说是从北到南的影响厚度逐渐增加（验2井0.49m到验5井是0.95m）。

（3）火线位置。

8001井组火线位置是根据11口取心井资料研究分析确定的。如西部验8井钻在火线内，而距离验8井10m处的验10井则钻在火线的外边，根据这些情况可确定火线在验8井与验10井的中间。此外，还有黑107井以西的验7井和以南的验5A井，正好钻在火线的前缘。其他方向则根据钻井和火线动态反应综合分析确定。具体的位置是：8001井、8008井（48m）；8013井（74m）；8017井（180m）；8018井（142m）；8014井（90m）；8011井（30m）。

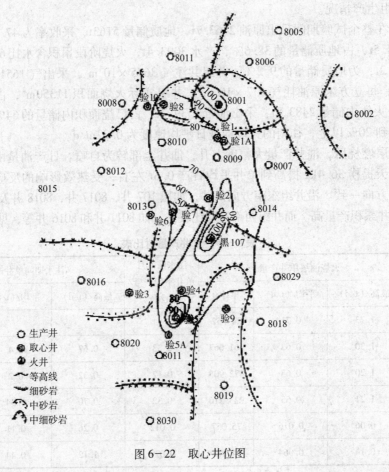

图6-22 取心井位图

2. 2001井组实验

1）地质概况

2001井组位于克拉玛依二西区南部。火烧层位为克上组S_5^1层，油层以砾岩为主，上部为中粗砂岩夹有小砾岩，下部则多由中小砾岩组成，油层连通性较好。油层有效厚度为9.6~12.25m，平均为10.3m（见图6-23）。孔隙度21.7%。含油饱和度为65%，原油相对密度0.9059，在20℃时的黏度为587.98mPa·s。油层深400m左右。平均原始地层压力为5.12MPa，点火前平均地层压力为4.83MPa。

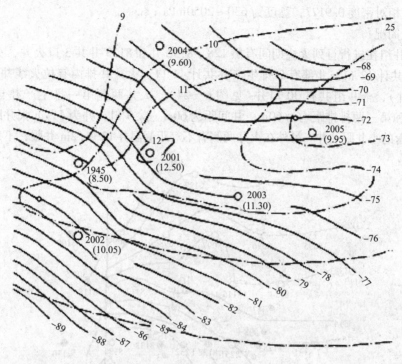

图6-23　2001井组S_5^1层有效厚度图

2）试验简况

2001井组有火井1口，在其周围布生产井3口，成四点法井网（见图6-3）。井距39.5～46m，井组面积为2625m^2。井组从1966年10月26日点燃，至1969年12月31日由于气量严重不足而被迫停火，共计燃烧1008天。本井组未进行过重大特殊试验。

3）试验成果

本井组火烧1008天内共采油4635.2t，产水230.7t，累积含水比4.7%，共注气1105×10^4m^3，采出气713×10^4m^3，注采比为64.5%。生产每吨原油的空气耗量为2272m^3。但由于本井组是处于未开发过的自喷油田中，而且井组面积只占二西区的很小一部分。因此，各生产井供油半径较大；还有当井组内层气量不足时，压力波动引起大量原油从井组外面流入，因此单井增产幅度及原油采收率均无法准确确定。而从3口生产井的热效反应来看，2003井最好，在1969年7月底停注时，该井温度升到156℃，而2004井油层温度只有50℃。这表明火线是向2003井方向推进的。另外，根据2003井所测得的井温剖面来看，该方向的燃烧厚度为5m左右，垂直燃烧率估计为44%左右（因未钻取心井而不能准确确定）。

3. 黑四区行列井组试验

1）地质概况

该井组位于8001井组东北部约100m处，在北黑油山鼻状隆起的北翼斜坡带上。东靠8134井断层，断层基本封闭。试验层位是克上组S_5^1层，南高北低，倾角30°。油层岩性为砾状粗砂岩和小砾岩。裂缝比较发育，西南1km处有沥青丘，西部有大批裸眼井，油层封闭性差，有大量气体外溢。油层胶结疏松，孔隙度 25.46%，渗透率平均为 $600 \times 10^{-3} \mu m^2$，含油饱和度 60%，原始油层压力 1.57MPa，油层温度 12.5 ~ 13℃，深度 105 ~ 115m。不能自喷，原油相对密度 0.9177，黏度为 630 ~ 2050mPa·s。

2) 试验简况

(1) 本井组在进行行列火烧期间有黑 128、8132 井和 8133 井共 3 口火井，火井南部有 3 排生产井共计 12 口；北部有 2 排生产井共计 11 口。火井井排内有拉火线井 2 口 (8251 井和 8252 井)，全井组共有 30 口井 (见图 6-24)。火井两侧第一排生产井与火井排距 75m，第二和第三两排排距均为 60m，井间距为 60m。除 3 口火井为 $4\frac{1}{2}$in 大井眼外，其余均为 3in 套管的小井眼油井。另外在火井两侧有不等距测温井 12 口 (2in 井眼，不射孔完成)。

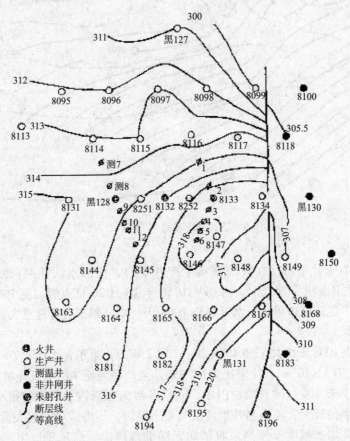

图 6-24　黑四区行列井组 S_5^1 顶部构造图

井组试验面积 66400m²，储量 24541t。井组从 1969 年 3 月 ~ 1970 年 4 月，由于大部分井因钻井液污染 (其中 8148 井修井提出油管时，最下部一根油管全部侵在钻井液里) 和小井眼射孔未过关，与注气井连通不好，大部分注入气都外溢和上窜了，整个阶段的平均注采比只有 30% 左右。在这个期间，井组燃烧经历了由好变坏和由坏变好的过程。即燃烧初期 (1969 年 3 ~ 7 月)，由于燃烧面积小，注气量低 (日注 $3 \times 10^4 m^3$)，井间不连通的矛盾还不突出，注采比相对高一些 (38%)，燃烧比较好，大部分生产井的 CO_2 含量约为 9.4% ~ 12%，氧利用率约为 70% ~ 85%。但从 1969 年 8 月开始，由于燃烧面积扩大，注气量增多(日注$5.5 \times 10^4 m^3$),油井生产一段时间后,污物又逐渐移向井筒附近,致使井间不连通的矛盾变得突出,注采比只有30%~23%,多数油井油气产量和油压迅速下降,CO_2含量大幅度降低。针对这种情况,曾对8252井、8114井、8115井、8117井、8146井和8148井等进行挤油,其中除8146井效果较好外(挤油前不产油气,挤后日产气1000~2200m^3,产油1~0.7t),其余井效果不好。于是又采取补孔措施,先后对8116井、8148井、8252井等14口井进行补孔,其中效果最好的是8252井(产油量由补孔前的0~0.2t/d增加到2.9~1.4t/d,产气量由10m^3/d左右增加到3000m^3/d左右),8116井和8148井效果也比较明显,其余井效果不好。后来,1970年3~4月又先后对8144井、8115井、8117井、8145井、8164井、8165井、8166井、8096井、8097井和8182井等11口井进行压裂,效果比前两项措施好,由此开始井组燃烧又逐渐由坏变好。

井组在行列火烧的后半期(从1970年5月到1971年3月10日停注),由于改善了井间的连通情况,注采比增至60%左右。向南部的燃烧变好,从测温井的温度资料来看,本阶段火线南推到30~40m之间,特别是8148井方向推进得更快,该井温度已升到59℃。但是井组北部的情况却愈来愈坏,火线前缘基本上不向北推进,距注气井黑128井只有15m的北部测温井,未见温度升高显示。北部虽经实施补孔和压裂措施后产气量大大增加,但因原来井况不善,产气少,造成油层早期燃烧不旺,故产出气2.5%~4.8%,而O_2含量高达15%~17%,说明油井产出的大都是未经燃烧的气体。针对南北燃烧不均衡,空气耗量仍较高(96.81m^3/t 油),相距少注气多产油的要求很远的情况下,于1971年3月18日停注,进行将行列改为面积的井网调整。

(2)3月19日~11月3日进行放压调整为4个小面积的火烧井网,由于小井眼点火未过关,原定的4口火井套管被烧坏(8114井、8116井、8164井和8166井),只好改为2口火井(南北各1口)的方案,北部的黑127井(4½in)于1972年2月7日点火,由于燃烧不理想,于同年4月29日停注(点火期间套管烧坏)。后于1972年9月又补钻第二口大井眼井8255井(4½in)。在钻井过程中发现在试验层位S_5^1层(11m)之上的S_3^2层(80~85m)中喷出大量燃烧废气(有强烈焦油味),两层间取出的岩心亦有斜纵向裂缝,说明S_5^1层和S_3^2层有可能互相串通(以前也发现过黑四区S_5^1层注气时,相隔百余米的8001井组的S_3^2层大量出气)。为验证这一点,对8251井、8252井和8254井进行上返S_3^2层,并于1972年11月28日~12月12日在S_5^1层的8116井和8255井先后进行找窜,证实层间串通是存在的。因此,于1973年3月16日井组停止注气,下一步准备回返上层S_3^2进行湿式火烧和干式火烧的对比试验。

3)试验成果

本井组由于存在问题较多(外溢、井间连通不好、层间窜),经历复杂(行列、放压调整和面积火烧3个阶段,当时尚未结束试验)。虽然燃烧比较差,但还是达到21.2%的采收率(累计到1973年3月16日),这也再一次说明地下燃烧的热效潜力。黑四区井组各阶段生产数据见表6-20。

在行列燃烧期间,拉火线井8251和8252分别于1969年9月30日和1969年10月17日见火,至此3口火井拉成火线,初步形成行列连片燃烧。在此燃烧较好的期间,井组日产油量达4~5t,井组南部有几口生产井不同程度地见到了热效反应,如8145井、8146井、8148井、8165井和8166井等,日产油量由0.1~0.2t增加到1.6~0.6t,CO_2含量达

11% ~ 14%。

从上面 3 个井组的基本情况可以看出，8001 井组烧得比较好。而地质条件（油层的封闭性、岩性和有效厚度）8001 井组不如黑四区井组，因此分析认为 8001 井组烧得较好的主要原因如下：

表 6-20　黑四区井组各阶段生产数据表

项目	行列燃烧阶段	调整期间	面积燃烧阶段	合计
起止日期	1969.3.2~1971.3.18	1971.3.19~1971.11.3	1971.11.4~1973.3.16	
燃烧天数/d	748	(230)	498	1476
产油量/(t/d)	3773.3	489.8	939	5201.1
含水比/%	37.5	32	23.8	—
油气量/10⁴m³	3640	–	1259.2	4899.92
产气量/10⁴m³	1345	103.2	889.74	2337.94
注采比/%	37		71	—
采收率/%	15.4	2.0	3.8	21.2
采油速度/%	7.7	3.4	2.6	5.7
耗气量/(m³/t)	9681		13600	9420
备注	3 口火井	停止注气，采油	黑127井注气	

8001 井组的布井方案虽是逐步完善的，但总的看来，其火井位置（先是 8001 井，后移到黑 107 井）是适中的，处于岩性和有效厚度都较好的地区，对火线的由北往南（8001 井北部油层已尖灭）的推进，起到因势利导的作用。而黑四区的行列布井方案对于像黑油山这样不均质的地层，容易产生燃烧不均匀。

8001 井组的管火措施进行得比较及时，成效较大。如火烧初期由于钻井井喷造成 8009 井方向的薄层火窜，后立即采取控制第一排生产井油嘴，迅速改变火窜的影响，垂直燃烧率达 80% 左右（原火窜方向）。又如燃烧中期，当增加注气量效果不好、井组日益恶化时，紧跟着进行移风接火措施，使燃烧显著变好。而黑四区井组开始由于对井下不完善状况（射孔不佳，钻井液污染）认识不足，在点火 2 个月后燃烧变坏，在注采比较很低的情况下采取增加注气量，结果外溢和上窜更严重，后采取挤油和补孔措施成效有限。最后（1970 年 3~4 月）进行的压裂措施，虽大幅度提高了井组注采比，但因进行时间太晚，井组北部早期燃烧不旺的局面很难挽回。

再以 2001 井组来说，由于受自喷油层压力系统干扰较大（油层面积大，试验面积太小），加之设备不足，长期处于小注气量的情况下燃烧，因此采收率等重要指标难以对比。针对以上情况，我们在初步总结管火的基本认识时，是以 8001 井组为主的。

4. 对管火的基本认识

1）试验井组的开发方案

从管火的动态反应中很明显地看出，火线主要是沿构造位置高、岩性好的方向突进。因此，在设计试验井组的开发方案时，必须在充分掌握该地区的地质条件下（取心、电测、试抽、试注），按最有利于均匀燃烧的原则进行选择。一般来说，一个井组内的火井位置应选择在油层发育比较好，而构造位置低，近于面积的中心比较适宜。在布井方案已定的情况下，要一次钻完所有的生产井，以免在燃烧中钻井造成井喷，影响正常燃烧。

8001 井组的井网调整（即将原五点法井网通过补钻新井调整为扇形井网），以及移风接火的新火井（黑 107 井）的选择经验是比较好的，在燃烧中都见到了明显效果。

黑四区的多火井行列燃烧，由于注入井之间干扰较大，给管火带来困难。同时在单斜构造（南高北低）和岩性不均质条件的影响下，火线推进是不均匀的，因此不得不在试验中期进行井网调整。至于行列和面积火烧各自的适用性，还有待今后的实践来验证。

2001 井组是另一种特征的开发形式。通过本井组的实践可以证明高压自喷油层可以火烧，且可以连续燃烧。但是，由于高压自喷油层所固有的特点，即油层压力系统干扰的影响，容易产生原油的内流和外流，无法鉴别火烧的效果。因此，今后对自喷区的火烧试验，应按大面积内多井组的燃烧来进行。不过即使在这样少的试验区内，火线推进的趋势也与 8001 井组和黑四区相似。

2）燃烧动态的掌握和调整

（1）掌握燃烧动态的手段。

随时掌握燃烧动态，及时采取有效措施，使之均匀扩大热效范围是管火工作的关键环节。在日常的管火中，我们主要通过油气产量计量、油气水分析、测温和对火线的估算来掌握燃烧动态。在这些资料中，产出气的 CO_2 含量和氧气利用率可以直接判断燃烧的好坏，它是管火的眼睛。

测温工作在管火中也是很重要的，一方面它可以预告火线快接近井底时的信号以及预示油井热效的动向；另一方面通过测温井也可以大致地确定火线的位置。

为了掌握火线位置和推进速度，还可以采用数学计算及地球物理的方法。通过实践认识到，用数学计算的不稳定试井法和物质平衡法，在油层完全封闭的条件下是可行的。地球物理测试方法是个直接找火线的方法，但曾采用自然电位和磁力两种方法，由于地面钢铁管线较多，干扰性大，反映不出火线的前缘，尚有待进一步试验改进。

（2）地下燃烧热效反应的特征。

地下燃烧的热效反应是热力采油的基础。油层加热后，原油黏度降低，原油采收率提高。3 个井组的地下燃烧热效反应大致有下述两种形式，掌握这两种反应形式的特点，有助于油层燃烧动态的分析。

（3）见效井的温度明显逐步地上升。

见效井温度明显逐步地上升；CO_2 逐步上升到 8% ~ 10% 以上；原油含水上升较快（但有一定的无水采油期）；原油的性质变化：酸值、黏度、凝固点、含蜡、相对密度和初馏点下降，各种馏分上升。这种反应是由于生产井离火线前缘较近，通过前缘废气所携带的热量，将井底地带增温而引起的。

以 2001 井组的 2003 井的见温为例，其特点是：自 1966 年 6 月投产以来直到 1969 年

2 月以前，温度均低于 30℃，延续了 865 天。1969 年 2 月 3 日第一次见到149.5℃的高温，到 1969 年 7 月底被停注共经历了 160 天(停注时温度为 156℃)。这个阶段时间比较长，温度上升呈台阶状，这反映了该井组供气量不足及内流油影响的特点。当注气量不足、放大油嘴拉火线时，造成井底压差过大，内流油增多、温度下降；当改用小油嘴时情况又相反但其见温的趋势与 8001 井组的黑 107 井大致相似。

(4)见效井温度未见明显显示。

另一种情况是温度未见明显显示，CO_2 含量不高，而产油量稳定上升，单井累积产量较高。这主要是由于生产井位于火线推进的前方，但离前缘较远，当火线均匀推进时，因受热效波及热流驱替的影响所造成的。

如 8001 井组的 8020 井及 8018 井在整个燃烧期间所测得的井底温度都在 20℃ 以下。8020 井投产后 7 个多月的 CO_2 含量平均只有 4%(以后有明显上升)，8018 井 CO_2 含量总平均值为 8%，但它们是井组产油量最高的两口井。从取心资料所绘制的火线图可以看出，它们是处于火线突进(黑 107 井 8017 井方向的东西侧)两口井的岩性和构造位置适合于捕集油火井方向热效驱替来的油流。同时在这两口井的管理上一直是控制油嘴生产，使气液比保持在 580 ~ 1600m³/d 的范围内，这也是延长热效受益阶段的有利措施。

3)燃烧动态的影响因素与调节

影响油层燃烧的因素很多，但主要有岩性和地质构造、注入气量调节及油井管理 3 个方面，这 3 者中以注入气量调节为主要。

(1)岩性和地质构造对燃烧的影响。

8001 井组南部构造高(最高点在黑 107 井)、岩性好、有效厚度大，所以燃烧好，火线推进快(日推进 0.22m)。而井组东西方向无论是岩性还是有效厚度都差，构造位置较低，所以燃烧就不好，如 8008 井方向的火线日推进只有 0.0546m。2001 井组的构造高点是 2004 井(油层岩性也较好)，2003 井稍次，因此气流主要往 2004 井方向流，该井产气量占井组产气量的 40% 以上。但该井由于投产较晚(点燃后 70 天才投产)，初期火线形成不好，虽然构造高，但燃烧动态不好，所以井组的火线是向着仅次于 2004 井的岩性及条件的 2003 井方向推进。黑四区行列井组受构造影响更甚，如井组南部火线已推到 30 ~ 40m。

(2)注气量对燃烧的影响。

及时向燃烧前缘提供所需要的空气，是保证均匀稳定燃烧的基础，一个井组的"合理注气量"要符合"少注气、多采油"的原则。

8001 井组和黑四区行列井组由于封闭性差，裂缝发育，空气耗量大，注气强度高[以1967 年 8 月底的火线位置和注气量来计算，其注气强度为 3m³/(h·m²)]；而 2001 井组又一直处于小注气量[平均注气强度仅为 0.2m³/(h·m²)]，低温低速下进行的。因此，从总的看来还没有解决既经济又能维持稳定燃烧的"合理注气量"的问题，这还有待今后的实践。但是在 3 个井组的试验过程中，对平稳注气和增加注气量问题取得了一些基本认识。

平稳注气：8001 井组在 1996 年 6 月以前由于设备维修等原因曾多次停注，影响平稳注气；而 2001 井组由于设备不够，出现不平稳注气的现象更多。虽然在停注时出现瞬时的产量上升，但随着停注次数的增多，井组会越来越坏。后来采取了增加备用设备和加快保养速度等措施，扭转了不平稳注气的局面，有力地促进了地下的燃烧。通过实践，认识到不平稳注气有以下害处：首先是注气量时大时小燃烧便不稳定，燃烧动态变化无常给井组分析造成困难；其次是突然改变注气量（增大注气量），容易引起气流通道，造成火线单方向或薄层突进，由于油水流动比的差异，还会增大含水比。

增大注气量：随着燃烧面积的增大，在注气强度不变的情况下，必须增大注气量。8001 井组点燃油层后，日注气是 $1.5 \times 10^4 m^3$。经过井网调整后燃烧范围扩大，1965 年 10 月 7 日增大注气量，总的趋向是增大注气量前 CO_2 和产油量下降的，增注后仍可上升。在 3 次增加注气量中，效果最好的是第一次，而第二、三次效果就差一些。有些井增大注气量后 CO_2 含量下降，产油量增加不明显，这主要是由于岩性差及油层有效厚度薄的影响（如 8007 井、8008 井、8011 井和 8012 井等）。这样的井适合于小注气量，因为大注气量反而会造在大部分气体从非油层窜进，冲淡 CO_2；其次增大注气量后，含水比会相应增高。

在黑四区行列火烧期间，因井间连通不好，造成大量气体外溢，注采比很低。在这种情况下，曾经进行过的增大注气量措施都是失败的。因此，增大注气量的时机应选择在 CO_2 含量和产气量初始下降，而且引起下降的原因是供气不足（其标准是生产气中含氧量低）。

（3）生产井管理与油层燃烧。

生产井好比烟囱，能控制和调节地下燃烧，同时地下燃烧的旺盛程度也通过生产井反映出来。在 3 个井组的实践中，认为加强油井分析、控制生产油嘴及改善油井连通状况是管好火的重要途径。

①油嘴控制方面：油嘴犹如烟囱的插板，起调节注采比和气液比的作用。合理的油嘴可以使油层燃烧得完善、产油多，并能控制火线均匀推进和推进速度，如表 6-21 所示；并且燃烧最好时，也就是产油量最高、气液比最低的时候，见表 6-22。

表 6-21 控制油嘴对燃烧的影响

井号	井距/ m	生产油嘴/ mm	见温时间/ d	控制油嘴/ mm	维持时间/ d	升温后产油量/ t	垂直燃烧率/%	平均日推进距离/ m	气体含量/%	
									CO_2	O_2
黑107	100	3~4.5	202	3.5	140	93.2	80	0.3	13.9	1.4
8014	91	8~6	98	4~4.5	56	60	50	0.6	7.2	9.3
8010	52	6~8	75	4.5	20	40	50	0.55	11.2	3.2

表 6-22 8001 井组气液比与燃烧的关系

时间	产油量/ t	气液比/ (m³/t)	气体含量/%	
			CO_2	O_2
1965.10	4.02	1433	12.99	1.87
1966.5	2.37	2699	8.31	8.67

油嘴的控制主要应放在第一排生产井上，它可以引导气流，使火线均匀推进。第一排井离火线最近，如果控制不好，会引起火线突进。同时，在油嘴的调节上，为了适应井组燃烧的新形势，随时调节是必要的，但为稳定地下燃烧和正确判断分析燃烧动态起见，这种调节不宜过于频繁，应保持一定时间的相对稳定，这个时间要根据实际情况摸索确定。

对于封闭性差、外溢严重的黑油山地区来说，控制油嘴必须保证一个适当的注采比，但单方向地提高产出气，也会影响地下燃烧。如从 8001 井组和黑四区行列井组来看，注采比高于 50% 以上时，就烧得旺，产出气 CO_2 含量高，产油多；注采比低于 40% 时，燃烧较差，产出气 CO_2 含量较低，产量下降；而 8001 井组在 8013 井放大油嘴拉火线时，单井产出气占井组的 25%，而 CO_2 含量由 11% 降到 9%，一度使井组燃烧变坏。

对于自喷区火烧的 2001 井组来说，由于长期注气量不足，注气不平稳，除上述情况外，在控制油嘴时，还要根据注气量的大小随时调节油嘴，一般注气量小或停注时，换小油嘴可以保持油井压力，弥补由于注气量不足所造成的压力降，以控制原油倒流。如 1968 年 4 月中旬到 6 月底，由于设备问题，注气量由 $1.4 \times 10^4 m^3/d$ 降到 $1 \times 10^4 m^3/d$，井组及时地缩小了油嘴直径，稳定了油层燃烧。

②改善井底附近连通状况：火烧油层试验井组也与一般注水井组一样，井组的连通情况也是影响燃烧好坏的重要原因。黑四区行列井组曾由于井间连通性差，致使燃烧恶化。一旦发现这种情况，必须及时采取措施（最好在点火前的试验阶段进行），改善地下连通情况，从实践来看，压裂是切实可行的。黑四区井组压裂过的 11 口井中，除 8182 井外，其他 10 口井均有效果，产油量和产气量成倍上升，改变了井组的气流方向，使井组南北比较均匀地产气，提高了井组注采比（由 40% 提高到 60%），见表 6-23。

表 6-23　改善地下连通情况的压裂效果

项目	8114 井		8145 井		8164 井	
	压裂前	压裂后	压裂前	压裂后	压裂前	压裂后
油嘴/mm	5	4.6	4.5	4.5	4.0	4.0
产油量/(t/d)	0.4	0.8~0.6	0.2~0.1	1.3~0.9	0.147	1.36~0.5
产气量/(m³/d)	265	2540~2585	670	3700~2600	0	100~200

③移风接火。

a. 目的与意义。

8001 井组自火烧开始后，随着燃烧面积的不断扩大，需要的注气量也逐渐增多。在已燃过的井中发现 CO_2 含量仍很高（如 8009 井 CO_2 含量 8.3%，8010 井 CO_2 含量 8.65%），这说明由于油层燃烧不均匀，已烧过的地区内还有大量残炭在继续燃烧。注气井离火线前缘愈远，注入的新鲜空气沿途消耗就愈多，含氧量大大降低。因此增加注气量的效果一次不如一次。为了实现"少注气、多采油"连片燃烧的目的，于 1966 年 7 月 1 日，将注入井由 8001 井移到黑 107 见火井。

b. 移风接火的经过

I. 选择新火井。新火井要求油层厚度比较大、连通性好，方向燃烧旺，垂直燃烧效率高。黑107井有效厚度为2.0m，有效渗透率为$300\times10^{-3}\mu m^2$，与周围采油井（8013井、8017井和8018井等）连通性较好，岩性为粗砂岩。从生产反应来看，方向燃烧旺盛。从1966年2月23日测得的井温剖面来看（油层部分的温差只有1℃），油层垂直燃烧率高（取心井也已证明了这点），因此确定它为移风接火井。

Ⅱ. 针对黑107井见温特征，选择拉火线的有利时机。黑107井正式放大油嘴拉火线前主要有以下现象。

井下温度缓慢上升至稳定。黑107井从1965年12月9日见温到1966年5月15日正式放大油嘴拉火线前的158天中，油层温度上升缓慢（见表6-24），油层燃烧均匀，垂直燃烧率高，没有单层突进的现象。

产量变化。黑107井自见温见效后，曾出现一个高产期（第82天），产量从1965年11月6日的1.0t/d上升到1966年1月26日的1.78t/d，尔后又逐步下降到0.6t/d（2月18日）。当油井快见火时，由于燃烧带离油井近，在高温下油层中的油全部被驱出来，使产量增加。2月18日~4月1日的产量是0.6~1.1t/d，随着温度的上升，产量也随之增加，4月20日以后日产水平保持在1.2~2.0t/d。

表6-24　黑107井见温情况

日期	温度变化/℃	温度上升幅度/℃	备注
1965.12.9~1966.1.6	16 ↗ 21	0.2	
1.6~2.23	21 ↗ 123	2.1	
2.24~3.12	123 ↘ 71	-2.5	由于临井8014挤水而使温度下降
3.13~4.17	71 ↗ 150	2.6	
4.18~5.17	>150°		15日正式将油嘴从4.5mm放大到6mm接火线

其他现象如下：

快见火时（4月中旬开始），在高作用下生成燃烧，水被蒸发并混同气体产出，使气体中携带大量的水蒸气，凝析成蒸馏水中H_2S味很少。见火前原油颜色由黑色变为咖啡色，并变稠；随着温度的升高，原油中的轻质油被蒸发，酸值下降、凝固点回升。产出的游离水是茶色的。当快见火时，由于生成的燃烧水较多及岩石颗粒含有矿物成分，燃烧时随同地层水一同带出地面，因此由444.98mg/L上升到822.6mg/L，硫含量由610.25mg/L上升到2775.98mg/L，pH值从5.1~4.9下降到2.1~2.5。另外，由于油井含水高，套管腐蚀严重，使含铁量上升。以上现象均说明火线已接近井底，选择这种有利时机放大油嘴拉火线较好。

Ⅲ. 拉火线的具体做法及见火特征。

为了使黑107井尽快见火，结合井组生产特征，在保证井组主要燃烧方向（南部）正常燃烧的情况下，集中风力猛攻黑107井。其具体做法是集中风力向南部燃烧，而采取暂时关闭东、西、北三方向的低产井（8002井、8007井、8005井、8023井和8011井），同时控制井 8012 井和 8008 井生产，这样使黑 107 井方向产出的气量占井组总产气量 70%；其次是放大南部生产的油嘴拉火线。黑 107 井先后由 4.5mm 油嘴放大到 6mm，7mm，8mm 生产，与此同时在黑 107 井两侧放大油嘴生产，8013 井和 8017 井油嘴由 5mm 放大到 6mm 生产，8013 井油嘴由 4.5mm 放大到 5mm 生产。

黑 107 井自 1966 年 5 月 15 日开始放大油嘴后，只有 10 天时间火线即达到井底。其见火特征如下。

温度猛升：5 月 16 日后，用 6mm，7mm，8mm 油嘴生产，温度从 180℃ 猛升到高于 419.5℃，井口温度为 110℃，温度日上升幅度 40℃。当火线越过井底后，温度保持在高于 150℃。

产量下降：当温度达到最高峰时，产量则下降。5 月 20 日产量为 0.9t/d，当火线越过井底后，产量只有 0.18～0.05t/d。

产出淡蓝色的烟道气：当温度高于 180℃ 时，产出淡蓝色烟道气，有呛人之感。

原油性质突变：当温度高于 180℃ 时，原油变为黏稠状（形似稀沥青），无轻质油。黏度大，原油黏度从 4 月 21 日的 208.41mPa·s 上升到 5 月 19 日的 40954.35mPa·s。原油相对密度从 0.9048 上升到 0.94920。

井底结焦：当燃烧带越过井底时，由于强烈燃烧，原油裂化生成焦炭而堵塞井底，从捞出的焦和炭黑来看，焦呈黑色发亮，结构呈多孔蜂窝状，炭黑有滑腻感觉。

Ⅳ. 移风接火的实施。

首先，为确保井下畅通无阻，创造注气条件，应清除井下焦堵；其次，为使火线向前推移一定距离（5～6m），创造接火条件，以及增加垂直燃烧效率和降低井筒内的温度（接火井的完井条件是用普通套管和水泥固井即能适应），为此，黑 107 井在见火后采取关井措施（关井 21 天），最后把注气量由 8001 井移至黑 107 井，采取遂步转移注气量的办法。7 月 1 日～9 月 26 日的注气情况见表 6-25。

表 6-25　黑 107 井增加注气和 8001 井减少注气情况

| 阶段 | 时间 | | 井组总平均增加日注气量/(m³/d) | 黑 107 井平均增加日注气量/(m³/d) | 8001 井减少注气情况 | | 备注 |
	日期	天数/d			平均日注气量/(m³/d)	减少注气量/(m³/d)	
1	7.1～7.13	13	74000	5500	68500	1500	8001 井 6 月下旬日注 70000m³
2	7.14～7.23	10	58400	18000	40400	29600	
3	7.24～9.6	45	51200	26500	24700	45300	
4	9.7～9.26	20	50600	31400	19300	50600	9 月 26 日 8001 井停住

由表 6-25 可以看出，黑 107 井初期用小气量注入，防止注气量过大，火线单向突进。当生产一段时间后，根据井组燃烧情况逐渐增加注气量，而 8001 井逐渐减少注气量，使

空气的注入逐步移向黑107井。经过两个月的移风，于9月26日结束，8001井停止注气。实践证明，采取这种措施效果较好。

Ⅴ. 移风接火的效果。

由于注入井移至火线附近，注入的新鲜空气被充分利用，减少了沿途含氧量的消耗。加之黑107井与南部生产井连通较好，反应较快，使得井组在注气量减少的情况下燃烧变好，产量增加(见表6-26)，是少用气多采油的有效途径之一。

表6-26　移风接火井组效果对比表

日期	产油量/ (t/d)	产液量/ (t/d)	产气量/ (m³/d)	耗气量/ (m³/d)	注气量/ (m³/d)	气体成分含量/%	
						CO_2	O_2
6月下旬	3.100	10.504	21884	22500	69688	8.76	8.04
7月	3.200	13.43	22787	19600	62652	8.16	8.98
8月	3.513	13.836	23178	15000	52275	7.38	9.3
9月	3.519	16.000	28383	15000	47509	8.07	9.15

注：6月下旬数值为移风前10天平均值

8月由于8029钻井井喷和8013井放大油嘴拉火线，对井组燃烧有影响。

另外，由于移风接火的成功，在原有设备能力的条件下，提高了井组连片燃烧的效果。8001井组共燃烧815天，而且1966年7月1日移风接火后燃烧的天数是444天，占总燃烧天数的55%。移风接火后共产出油量1156t，占采出油量的54%。移风接火后到燃烧结束，平均日注气量52700m，而燃烧面积由移风前6000m² 扩大到11350m²。在如此大的燃烧面积内，如果不移动火井，则需注气量90000m³/d，因而节省了注气的工作量。

三、辽河油田火烧油层现场试验

1. 高3618块现场试验

高3618块属于典型中深厚层块状稠油纯油藏，油藏条件适宜火烧油层开发，研究确定采取干式正向燃烧、火井顶部注气、油井全井段采油、行列式井网开采方式。经过一年半现场试验，取得了较好的增油效果，达到了试验的预期目的。

1)区块概况

高3618块构造上处于辽河断陷西部凹陷西斜坡北段，高升油田高二、三区东北部，是一个由4条断层封闭的单斜构造。开发目的层为下第三系沙河街组三段莲花油层，主要发育L5、L62套含油层系，油层埋深1540~1890m，属于中孔、中高渗储层。储层平均有效厚度为62.7m，平均孔隙度为20.6%，平均渗透率为1014×10⁻³μm²，50℃地面脱气原油黏度为2000~4000mPa·s。

2)火烧油层适应性研究

将高3618块地质参数与火烧油层筛选标准对比，除油层厚度较大外，其他参数基本符合筛选标准，可以进行火烧油层试验。

3)现场试验情况及效果分析

（1）投建火驱注气站，保证连续、稳定、大规模注气需要。建成功能齐全、具有稳定注气能力的火驱注气站1座，包括5个空压机房，拥有不同型号空气压缩机16台，最大日注气能力为$43.2 \times 10^4 m^3$，有效注气能力在$30 \times 10^4 m^3$以上。

（2）采取人工点火方式，实现注气井深层点火一次成功。分别采取电点火和化学点火方式成功点火6口井（电点火3口、化学点火3口），其中电点火一般为5~10天，化学点火一般为15~40天。

（3）完善注采及监测系统，为火驱有效开展奠定基础。共实施油气井12口，基本实现火驱井组注采对应，L5砂体对应生产井占75%，L6砂体对应生产井占77%。先后实施油井转观察井5口，原观察井加深测试管柱1口，目前共有固定温度观察井6口，测试周期为1个月。同时，加强一线油井产出气组分分析，加强取样工作。自试验以来共进行温度剖面测试35井次，气组分分析2680井次。

（4）实施火烧吞吐引效及注采动态调整，改善平面受效状况。首先，为扩大火线推进范围，促进平面均匀受效，对7口见效差油井采取火烧吞吐引效措施。其次，注采动态调整方面，建立火井动态配气制度。根据注气井周围油井见效特点，将L5砂体6口注气井划分为4个井组。以不同注气井组为单元，以空气油比作为衡量井组火驱效果主要指标，辅助指标为通风强度和空气注采比，现场先后实施火井注水调剖10井次，洗井5井次，调整火井注气量25井次，注气井关井5井次。

（5）开展多项采油工艺试验及实施地面计量、集输系统改造，解决因产气量大幅上升带来的油井生产及安全环保问题。先后开展6项试验，包括空心杆泵上掺油、空心杆越泵掺油、油套环空电磁加热、空心杆内电缆加热、螺杆泵＋空心杆泵下掺热水以及机械强制起闭抽油泵，现场上空心杆越泵掺油技术具有一定的效果；通过加装大量程气表，降低气计量误差；进行井口流程改造，加装气液分离器，解决产出气大直接进站造成的计量不准及油井掺稀油困难问题。

4）效果分析

（1）油层处于高温氧化燃烧。

根据试验区24站混合气组分析资料，氧气利用率为96.7%，二氧化碳含量为14%，并呈递增趋势；视氢碳比为2.3，呈现高温氧化燃烧状态。

（2）火驱前缘逐步扩展，油藏温度场逐步建立。

根据测温显示，下倾方向油层温度呈上升趋势，高36171侧井距离火驱井高36172井36m，油层温度于2008年10月达到142℃。上倾方向温度观察井油层温度为75℃左右，与驱前变化不大。

从火驱井组数模结果显示，地下火线推进速度为4.8cm/d，火驱井地层温度大于100℃平面距离为33~35m，纵向距离为30~33m，说明在空气驱动及重力泄油作用下，火线前缘逐步扩展，导致注气井平面及纵向温度场逐步扩展，波及体积逐渐增加。

（3）部分油井见到明显增油效果，井组产量上升。

井组一线油井火驱前有21口，开井21口，日产油为24.7t/d，目前一线井有16口，开井14口，日产油为44.7t/d，较驱前增加20t/d。火驱阶段产油$1 \times 10^4 t$较自然递减增加9327t。井组二线油井驱前有13口，开井13口，日产油为23t/d，目前二线井有13口，开井10口，日产油为33t/d，较驱前增加10t/d。

部分油井见到明显增油效果。如高 3－6－0175 侧井，日产油由驱前的 2.5t/d 上升至目前的 9.0t/d。井口温度由 20℃ 上升至 24℃。低产间开井高 3－6－0162 侧井，日产油由驱前的 1.0t/d 上升至目前的 2.2t/d，井口温度由 16 上升至 18℃。

（4）油井平面上普遍受效，构造下倾方向见效。

根据火驱开发动态情况显示，一线 L5 砂体油井全部见效，部分二线井和三线井也见到效果。一线油井共有 16 口，L5 砂体 12 口井全部见效，二线见效 9 口，三线见效 4 口；一线中部电点火井组、井网完善部位下倾方向增产幅度大，其他部位油井产量稳定。7 口具有增油效果井主要位于中部下倾方向，距火井近的油井产量上升快，具有重力泄油特点。7 口增产井较驱前日产油增加 16.1t/d，平均单井增加 2.3t/d；日产气增加 30576m³/d，平均单井增加 4368m³/d。

（5）井组主要开发指标达到方案设计。

火驱试验井组方案设计平均单井日注气为 $1.4 \times 10^4 m^3/d$，目前日注气为 $1.9 \times 10^4 m^3/d$；设计平均单井日产油为 2.2t/d，目前日产油为 3.2t/d；设计平均单井日产液为 4.9t/d，目前日产液为 5.5t/d；设计空气油比为 2000m³/t，目前空气油比为 2617m³/t。井组以上开发指标均达到方案设计要求。

2. 杜 66 北块现场试验

1）概况

2005 年 1 月辽河油田在杜 66 块北块、杜 48 块长停井区域内的 1－46－039、1－46－26 两个井组开展火驱采油现场试验，每个试验井组由 1 口注入井和 8 口采油井组成。2005 年 6 月 2 日首先在杜 66 北块 1－46－039 井组开始现场火驱采油试验，7 月 18 日在杜 48 块 1－46－26 井组开始火驱采油现场试验。总结一年来两个火驱采油试验井组取得的经验和认识，认为上述两个火驱采油试验井组油层点火一次成功，并取得了较好的试验效果。

2）辽河油田火驱采油油藏地质筛选

根据美国、加拿大、罗马尼亚等油田 228 个火驱项目统计，成功的火驱采油的油层参数范围较大，可适用火驱采油的油藏范围较广（见表 6－27）。

表6－27　火驱采油油藏地质筛选标准

参数	高值	低值	参数	高值	低值
深度/m	1220	75	厚度/m	150	3
孔隙度/%	38	23	渗透率/$10^{-3}\mu m^2$	5000	300
黏度/mPa·s	2000	26	原油相对密度/API°	24	11.5
地层倾角	<4°	>45°			

在总结国内外成功火驱经验的基础上，结合 2005 年实施两个火驱试验井组的杜 66 北块和杜 48 块油藏地质特点，要使得油层燃烧获得较好的经济技术效果，油藏还应具备以下条件：

（1）横向上油层要具有较好的连通性，有利于提高火驱采油的波及系数。

（2）纵向上各油层之间要具有较好的隔层分布，这样可以把注入空气限制在产层中，避免纵向上气窜，有利于维持高温燃烧模式。

（3）原始含油饱和度和剩余油饱和度越高越好，有利于经济开采油藏。

（4）目前地层压力相对较低，可降低地面注入设备投资及运行成本。

3）杜66北块1-46-039火驱试验井组效果分析

杜66北块1-46-039井组2005年6月2日在注入274m^3蒸汽后开始注入空气，截至2006年7月底累计注入空气491.9×$10^4$$Nm^3$，生产井排气267.9×$10^4$$m^3$，累计产油2232t，累计增油1913.6t，空气油比为2204m^3/t。目前根据温度的上升情况判断，该井组已开始燃烧并处于持续燃烧阶段。日注气量在1.5×10^4～1.6×$10^4$$Nm^3$之间，泵压2.2MPa，井口压力2.1MPa左右，泵出口温度在35～60℃之间。

随着空气注入量的增加，油层压力由试验前的1.53MPa上升至目前的2.1～2.2MPa之间，井组产油量由试验前的每月22t上升至目前的200t。

（1）注入井底温度和压力的变化。

1-46-039井已连续监测7次压力和温度，第6次温度为102.1℃，压力为2.05MPa，而一线对角临井1-46X38井7月5日测试井温73℃，27日测试井温79.9℃，两次测得温度差6.9℃，比原始地层温度上升25.9℃。2006年5月15日1-46-039井第7次监测温度为75.5℃，压力为2.37MPa（见图6-25）。

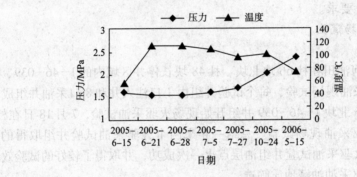

图6-25 1-46-039井温度压力曲线

（2）排气量与采油量的变化。见表6-28。

表6-28 46-039井组采油井排气与产油量统计（截至2006年7月30日）

	井号	总产气量/m^3	总产油量/t	占气体总量的百分比/%	占油总量的百分比/%
一线井	14740	294289	323.1	10.99	14.47
	14739	88605	330	3.31	14.78
	14738	391314	115.8	14.61	5.19
	147040	0	0.6	0	0.03
	147038	295434	131.2	11.03	5.88
	14639	1451	400.9	0.05	17.96
	14640	898046	393.6	33.52	17.63
	146X38	12591	464.6	0.47	20.81
二线井	147041	410350	34.4	15.32	1.54
	146041	286901	38.2	10.71	1.71

（3）生产井产出气体组分变化。

火驱火线推进过程中燃烧初期的判断指标是油层压力随着注气量的增加而上升，生产井产出气体 CO_2 含量保持在10%以上。

1-46-039井组于2005年7月2日首先在46-40见到井口尾气，并通过辽河油田公司勘探开发研究院检测 CO_2 含量达到在10.21%，8月18日在2口二线生产井46-041井和46-041井尾气中检测到 CO_2，组分含量达到7.60%和3.81%。10月29日在46-41井检测到尾气中 CO_2 含量达到8.66%，同时另外的4口二、三线生产井也见到 CO_2 不同的含量。2006年5月17日，3口二线井和3口三线井尾气中检测到5口井的 CO_2 组分含量在10%以上，其中46-041井尾气中 CO_2 含量高达16.1%。由此可以说明，46-039（井深960m）井组深层点火一次成功，说明地下已形成稳定火场（见表6-29、表6-30）。

表6-29　1-46-40井气组分分析报告

火驱一线生产井气组分分析报告			研究院试验所提供	
井号：14640			日期：2005年7月	
组分	含量/%	组分	含量/%	
O_2	1.07	nC_7		
N_2	79.2	nC_8		
C_1	8.76	nC_9		
C_2	0.44	nC_{10}		
C_3	0.07	nC_{11}		
iC_4	0.18	nC_{12}		
nC_4	0.07	CO		
iC_5		CO_2	10.21	
空气		平均分子量	28.74	相对密度	0.9362

表6-30　曙1-46-039井组产出气体主要组分统计表（分析日期：2006年5月17日）

井号	N_2含量/%	CO_2含量/%	N_2/CO_2/%	O_2含量/%	CH_4含量/%	CO含量/%	备注
1-46X38	3.29	6.13	0.54	0.03			一线井
1-46-40	80.92	16.84	4.81	0.07			一线井
1-46-038	79.6	16.35	4.87	0.39			一线井
1-46-38	79.44	16.53	4.81	0.03			一线井
1-46-40	79.38	14.73	5.39	0.09			一线井
1-46-041	79.33	15.56	5.1	0.05	5.07		二线井
1-46-041	81.19	16.1	5.04	0.17	2.54		二线井
1-46-41	60.37	11.83	5.1	0.15	27.65		二线井
1-46-42	45.19	4.97	9.09	0.15	49.69		三线井
1-46-042	78.41	15.85	4.95	0.06	5.68		三线井
1-45-41	61.39	10.81	5.68	0.14	27.66		三线井

（4）产量与时间的变化。

1-46-039 井组于 2005 年 6 月 20 日开始捞油计产，产量上升趋势明显。2006 年 7 月井组平均日产油 6.46t，与火驱前 0.75t 对比日增产 5.71t，井组平均日产液 14.47t，与火驱前 1.4t 对比，日增产 13.04t，目前井组日产油能力 7~12t（见图 6-26~图 6-27）。

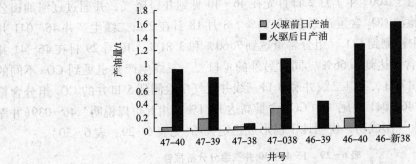

图 6-26　1-46-039 井组单井火驱前后生产水平对比

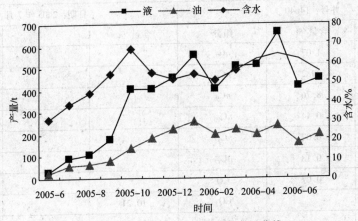

图 6-27　1-46-039 井组月度产量曲线

（5）空气耗量（AOR）。

空气耗量（AOR）= 累计注气量 $\sum Q_a$ / 累计产油量 $\sum Q_o$ = 2204m³/t。空气耗量（AOR）是衡量火驱经济效果的重要指标，一般在 2000~4000 之间，该值越大，成本越高。

参 考 文 献

[1]王国库. 火烧油层热力采油过程的实验研究与数值模拟[D]. 东北石油大学，2011.

[2]郭宁. 曙光油田杜66块火烧油层地质特征及开发模式研究[D]. 东北石油大学，2012.

[3]刘其成. 火烧油层室内实验及驱油机理研究[D]. 东北石油大学，2011.

[4]徐克明. 火烧油层采油技术基础研究及其应用[D]. 东北石油大学，2013.

[5]崔玉峰，杨德伟，陈玉丽，安申法，刘中良. 火烧油层热力采油过程的数值模拟[J]. 石油学报，2004，05：99～103.

[6]耿志刚. 火烧油层采油化学机理及其改善方法研究[D]. 东北石油大学，2014.

[7]刘其成，程海清，张勇，赵庆辉，刘宝良. 火烧油层物理模拟相似原理研究[J]. 特种油气藏，2013，01：111～114，156～157.

[8]张敬华等. 火烧油层采油[M]. 北京：石油工业出版社，2000：6～20.

[9]王弥康等. 火烧油层热力采油[M]. 东营：石油大学出版社，1998：90～120.

[10]宁奎，袁士宝，蒋海岩. 火烧油层理论与实践[M]. 东营：中国石油大学出版社，2010：21～50，63～85.

[11]陈铁龙. 三次采油概论[M]. 北京：石油工业出版社，2000：160～170.

[12]马代鑫，刘慧卿，邵连鹏，刘小波. 火烧油层注气井试井分析理论模型[J]. 油气地质与采收率，2006，05：72～74，108.

[13]田相雷. 火烧油层火线位置判断方法研究[D]. 中国石油大学，2011.

[14]袁士宝，孙希勇，蒋海岩，宁奎，张弘韬，张庆云. 火烧油层点火室内实验分析及现场应用[J]. 油气地质与采收率，2012，04：53～55，114.

[15]蔡文斌，李友平，李淑兰，谢志勤，白艳丽. 胜利油田火烧油层现场试验[J]. 特种油气藏，2007，03：88～90，110.

[16]关文龙，蔡文斌，王世虎，谢志勤，曹钧合. 郑408块火烧油层物理模拟研究[J]. 石油大学学报（自然科学版），2005，05：58～61.

[17]蒋海岩，张琪，袁士宝，赵东伟. 火烧油层干式燃烧数值模拟及参数敏感性分析[J]. 石油大学学报（自然科学版），2005，05：67～70.

[18]刘海，潘一，冷俊. 国内外火烧油层研究进展与应用[J]. 当代化工，2015，03：545～547.

[19]Kumar M. Simulation of laboratory in-situ combustion data and effect of process variation [R]. SPE 16027，1987：343～357.

[20]Briens F L，W u C H，Gazdag J，et al. Compositional Reservoir Simulation in Parallel Supercomputing Environment [R]. SPE Paper 21214，1997.